图书在版编目（CIP）数据

食帖．14，小聚会教科书／林江主编．-- 北京：
中信出版社，2016.12
ISBN 978-7-5086-6990-8

Ⅰ．①食… Ⅱ．①林… Ⅲ．①饮食－文化－世界
Ⅳ．①T5971.201

中国版本图书馆 CIP 数据核字（2016）第 273214 号

食帖．14，小聚会教科书

主　　编：林　江
策划推广：中信出版社
出版发行：中信出版集团股份有限公司
（北京市朝阳区惠新东街甲 4 号富盛大厦 2 座　邮编 100029）
承 印 者：鸿博昊天科技有限公司

开　　本：787mm X 1092mm　1/16　　印　　张：10.25　　字　　数：206 千字
版　　次：2016 年 12 月第 1 版　　拉　　页：4
书　　号：ISBN 978-7-5086-6990-8　　印　　次：2016 年 12 月第 1 次印刷
定　　价：49.00 元　　广告经营许可证：京朝工商广字第 8087 号

服务热线：400-600-8099
投稿邮箱：author@citicpub.com

CONTENTS

FEATURES

出版人 / Publisher：苏静 Johnny Su
总编辑 / Chief Editor：林江 Lin Jiang
艺术总监 / Art Director：TEAYA
内容监制 / Content Producer：陈晗 Chen Han

编辑 / Editor：陈晗 Chen Han　赵圣 Zhao Sheng
张婷婷 Zhang Tingting　杨雪晴 Yang Xueqing
特约撰稿人 / Special Editor：Agnes_Huan 歡　Kira Chen
特约插画师 / Special Illustrator：大黑熊子 Dahei　Ricky
思文 Siwen
品牌运营 / Operations Director：杨慧 Yang Hui
策划编辑 / Acquisitions Editor：王菲菲 Wang Feifei
刘莲 Liu Lian
责任编辑 / Responsible Editor：刘莲 Liu Lian
营销编辑 / PR Manager：那珊珊 Na Shanshan

平面设计 / Graphic Design：周末喷水池（From PT）
TEAYA（From PT）　VV　茶一

我们都需要偶尔的相聚

赵圣 | interview & text

《智族 GQ》全媒体项目总监，知名生活方式公众号
赛 LaVie（lavie2020）创办人。

孙 赛赛
SUNSAISAI

1. 喜欢小而美的聚会吗？

就喜欢小而美，不喜欢大而全。你我的时间有限，需要聚焦。我喜欢花时间精力在极少数的人和事物身上，小聚会很合适。

2. 喜欢参加聚会还是组织聚会？

喜欢参加多过组织，因为我懒。但我也喜欢组织，因为我有希望一切都尽善尽美的强迫症。

3. 在你看来，哪些元素是令人愉悦的小聚会所必需的？

人还是关键。没有对的人，就没有对的化学反应。其次是食物、环境、酒精、音乐、节奏等。

4. 请分享一次难忘的小聚会。

在纽约，我的一个著名设计师朋友 D.B Kim 组织了七八个好友在切尔西的韦弗利餐厅（Waverly Inn）晚餐。氛围、灯光、吵闹程度都恰到好处，人也都很有趣。因为是朋友聚会，所以大牌如尼克·伍斯特也都聊得甚欢。唐纳德·特朗普曾说那儿有全城最差的食物，餐厅还引以为傲。

作家。

周 源远
ZHOUYUANYUAN

1. 喜欢小而美的聚会吗？

喜欢，可以时刻检验自我是否已偏离这个世界太远。

2. 喜欢参加聚会还是组织聚会？

参加和组织都会有。通常我会在家里组织聚会，比较舒服，也能"屏蔽"掉一些不想见到的人。我也喜欢去参加一些品位好的朋友家里的聚会，看看他们又买了什么有趣的植物或者美好的物件。

3. 在你看来，哪些元素是令人愉悦的小聚会所必需的？

我觉得有没有酒无所谓，但是一定要有音乐。这也是我喜欢在家里聚会的另外一个原因——我可以自由掌控音乐。

4. 请分享一次难忘的小聚会。

有一次我们在阁楼顶讲鬼故事，Eskey 星座先生讲得入迷了，大家听得也很专注。一直到半夜三点。后来我们的一个朋友，因为真的太害怕了，所以在小区门口一直站到天亮才敢回家。

生活方式、时装、旅行与城市文化作家，挪威奥斯陆大学媒体学硕士，曾在伦敦 BBC 中文部工作。回国后出版文集《孤独要趁好时光：我的欧洲私旅行》、《香港的前后时光》（内地与港台版）、《仿佛，一场告别》。现为香港 Pattern 杂志特约编辑。

张 朴
ZHANGPU

1. 喜欢小而美的聚会吗？

喜欢和朋友、志趣相投的人举办小而美的聚会。它是繁忙生活的一种调剂和补充，带有黏合的作用。

2. 喜欢参加聚会还是组织聚会？

喜欢参加。我觉得我不是一个很好的组织聚会的人。

3. 在你看来，哪些元素是令人愉悦的小聚会所必需的？

需要有情调的音乐，美食最好是大家自己制作，当然需要有志同道合的朋友，最好还有一个主题。

4. 请分享一次难忘的小聚会。

有一年在伦敦和时装设计师王天墨小聚，还有两三个朋友，在她伦敦的寓所，她给大家做了卤肉饭。气氛轻松，大家谈论很多在异地求学和生活的话题，我买了一支红酒，感觉上是非常舒缓和坦诚的聚会，没有负担，只有内心的真诚交流。

作家、编剧，代表作《我曾爱过你想起就心酸》。

自由极光
ZIYOUJIGUANG

1. 喜欢小而美的聚会吗？

当你有一段时间忙于某一件事情，会忽略一些其他东西的时候，生活就会有割裂开来的感觉。如果再遇上事情进展得不顺利，那么这种感觉就会尤其明显。人就会产生一种封闭的感觉，进入恶性循环。

独处久了，心会越来越小，收得越来越紧。这个时候小而美的聚会就很有必要了，因为参与聚会的是相熟的人，你就可以用放松的状态，慢慢打开自己，你可以暂时跳出你的生活，变成一个旁观者，和朋友们聊生活，聊未来，为他们开心，也可以为他们伤心。这个时候，你便可以换个新的角度想自己的事情，就能够客观地对待自己遇到的问题了。尽管聚会结束后，你还是要继续做自己的事情，但是，能量是守恒的，在这个过程中你总会吸收到一些正能量来抵消掉一些黑暗。

2. 喜欢参加聚会还是组织聚会？

喜欢参加别人组织的聚会。我更多的是愿意担当一个倾听者的角色，一般不会主动组织聚会。就是那句话，"除非你也想见我的见面才有意义"，我希望"每次聚会都是刚刚好的一拍即合"，都是彼此想要亲近的时候，这样才算美。

3. 在你看来，哪些元素是令人愉悦的小聚会所必需的？

我觉得必不可少的元素，必定是美食和美酒吧。其实食物会把人分类的，虽然不能说吃不到一起就一定做不成朋友，但是能吃到一起的朋友才真的符合"小而美"。

好多次聚会都是因为大家找到好吃的东西，想要分享才聚在一起的。跟能聊到一起的朋友也能吃到一起，这份美好才显得分外合拍，其他的问题都不重要，好商量。

4. 请分享一次难忘的小聚会。

每次聚会都有难忘的点滴。记得有一次，跟好朋友深夜对着大海喝酒，一片漆黑的海面上，有几艘船上的灯光，随着海浪跌宕，忽明忽暗向我们靠近。随便聊的事情已经忘记了，我当时想的是，此刻如果我身处大海的另一边，应该也会约上三五好友在海边喝酒吧，这已经是最好的消遣。不再幻想海洋尽头是不是另一个世界了，忽然就觉得特别踏实，特别安全，即便当时很冷，海浪汹涌。

好奇的旅行作家，著有旅行书《嗯，就这样睡了一下世界》。

毛 豆子
MAODOUZI

1. 喜欢小而美的聚会吗？

喜欢小而美的聚会，它在生活中存在的意义如同松尾芭蕉的俳句里的描述："寺钟已停撞 / 但我仍然能听到 / 声从花中来"那些聚会，能让你在结束后数日，依然听到"声从花中来"。

2. 喜欢参加聚会还是组织聚会？

我想我还是喜欢参加，因为我总是行踪不定。我是一颗行星，我愿意不远千里赴会，我愿意倾听，我愿意静静地观看，然后努力地记住眼前有意思的一切。

3. 在你看来，哪些元素是令人愉悦的小聚会所必需的？

有故事有阅历的客人，和煦温暖的环境，方便实用又直抵肺腑的食物。

4. 请分享一次难忘的小聚会。

在最狂野的梦里大概也不会梦到这个情节，但它的确发生了。两年九个月前，我曾在老挝万象偶遇两个土耳其医生，结果那次老挝之行的收获就是，让我意外地更了解了一个叫作土耳其的国度。其中一个叫作穆斯塔法的年长一些的医生告诉我，希望有一天我可以到他伊斯坦布尔郊外萨潘贾镇（Sapanca）的夏日度假屋来，吃他女儿做的早饭。就在今年八月初一个美好的夏日，33 个月前的邀请应约了。在游人最不可能到土耳其的那个时段，我竟然恰巧在土耳其。

我和两个土耳其医生重逢，在穆斯塔法医生的夏日度假屋，我们的聚会从一顿丰盛的土耳其早餐开始：番茄黄瓜来自自家院子，鸡蛋来自自家母鸡，芝麻圈和一种名为 Börek 的千层卷饼来自当地面包房的烤炉。我们的聚会结束在两个医生的生日蛋糕里，这两位医生竟然是同一天生日，虽然相差十年。如果不是穆斯塔法正在阅读的周日报纸上还登载着一篇篇控诉居伦的文章，你几乎忘记了这个国家正处于一个后政变时期。

FEATURES
INTERVIEW

EatWith

食物是
连接人们的
最古老而有效的方式

Kira Chen | interview & text
EatWith | photo courtesy

2012 年 Guy Michlin 和 Shemer Schwarz 创立了 EatWith，它被称为美食界的 airbnb（空中食宿），在短短的四年之内迅速扩张，现在在全球 50 个国家的 200 多个城市中，都可以享受 EatWith 提供独特体验。不过，这里提供的可不是让你停留几晚的异地居所，而是一扇通向世界各地家庭晚餐会的任意门。

在 EatWith 上，你可以选择当一名食客，在一座陌生的城市，受邀进入当地人的家中，享受一餐地道的美食，再听主人讲讲趣味横生的当地风土人情。这里的"主人"，不仅有美食爱好者、家庭主妇，也包括米其林星级大厨，想想看，一场米其林星级的私人晚餐会，这可是在其他地方都找不到的体验。

当然，你也可以选择成为一场小聚会的举办者，精心地设计菜单、布置餐桌，用自己独特的设想来接待世界各地的旅人，准备聆听来自世界各地的故事。

如今，我们已习惯了外出就餐，进入千篇一律的餐厅，吃着不包含任何感情的快速上桌的料理，却鲜有机会认识那些为你亲手准备食物的陌生人。可是吃这件事，本应该比这有趣多了！

美好的聚会，都是能让人感受到温度的。你沉浸在其中，甚至不会觉知时间的流逝。而结束之后，它还会成为一个总忍不住向别人讲述的故事。

PROFILE

Susan Kim（苏珊·金）
EatWith 首席执行官。成长于美国中西部，原以为自己会成为一名医生，如今却成为带领整个 EatWith 团队追求美食梦想的首席执行官。为了安抚观念传统的父母，Susan 曾学习医学，之后又在哈佛大学学习英文，并取得了哈佛商学院 MBA 学位。曾任职于 Google, eBay, Minted（通过众筹方式提供设计交易的服务平台）和 Plum District（致力于为女性和她们的家庭提供服务的团购网站），而后出于对于美食的热爱加入 EatWith。

❶ 一场在露台举办的聚会，来自世界各地的人在此被连接在一起。❷ 每一盘菜的背后，可能都会找到一个有趣的故事。❸ 作为
度度执行官的 Susan 和其他工作人员，也会经常参加 EatWith 的晚餐会。❹ 坐在餐桌旁的每个人都显得比平时更加有趣

食帖 × Susan Kim

食帖 ※ 听说 EatWith 的创立是因为 Guy Michlin 的一次希腊旅行?

Susan Kim：没错，EatWith 由 Guy Michlin 和 Shemer Schwarz 创立，他们两人想要创造出一种全新的生活方式，那就是当你想要外出用餐时，不用再局限于去某一家餐厅，而是可以进入别人家里享用一顿晚餐。而你的选择范围，是全世界！

这个有趣的设想，的确是诞生于 Michlin 的希腊行。那是在 2010 年，Michlin 正在希腊的克里特岛旅游，在朋友介绍下，他与当地的一家人共进了晚餐。本以为只是顿普通的晚餐，没想到在热情好客的主人的招待下，他们一边享受着地道的地中海美食，一边畅谈着有意思的旅行见闻，不知不觉四个小时悄然飞逝。那次在餐桌上甚至还聊到了当时希腊全面爆发的经济危机对生活的影响，以及很多不为人知的当地社会现状。不同文化下产生的不同观点，却能在一次晚餐中和平交流，这成为了 Michlin 一次极为难忘的体验。这些信息都是不可能在任何新闻和旅行手册上找到的。在一个旅行地，能从与出租车司机的短暂聊天中获导的讯息毕竟有限，而就算到当地著名餐厅用餐，也不会真正体会到融入当地生活的感觉。于是，在这次充满珍贵交流的美好晚餐之后，Michlin 就产生了创立 EatWith 的想法。

食帖 ※ 你又是因何决定加入 EatWith，并最终成为首席执行官的?

Susan Kim：现在回想起来，我的职业生涯大部分都与市场和电子商务方面有关，比如我曾经负责过 eBay 和 Google 的高层工作。在加入 EatWith 之前，还曾担任 Plum District 的首席执行官。Plum District 是一个为女性提供服务的电商平台，旨在帮助在家负责家务的全职妈妈找到更多的可能性，重新回归成为社会劳动力。同时我也曾担任 Minted.com 的副总裁，那是一个通过众筹方式实现设计交易的服务平台，给全世界的自由设计师们提供将设计转化为商品的机会。

对我来说，网络科技是一个非常强大的均衡器。使用新科技使竞争环境平等化，总是让我感到非常兴奋，无论是 eBay 使用技术使电子商务大众化，或是谷歌使用技术使获取信息的途径大众化。而 EatWith 在做的，也是使用网络科技来创建一个平台，为美食创业者和家庭厨师创造新的可能性。

食帖 ※ 现在的 EatWith 已经发展到 50 个国家的 200 多座城市，每天都有越来越多的人加入这个平台，来寻求或者提供美好的美食体验。人们都在为了这种全新的用餐方式兴奋不已，而你们真正想通过这个平台向世界传递的讯息是什么?

Susan Kim：我们现在提供的是一种从未存在过的用餐可能性，无论你居住在世界的哪个城市，都可以参与到这场无国界的特殊聚会中。我们的长期目标和创立初衷从未改变，即每一次聚会，在世界各地的每个

食帖 ※ EatWith 改变了很多人的生活，对你们自己的生活是否也产生了影响？

Susan Kim：是的。我从小就是个不折不扣的吃货，因为我会席卷所有进入视线的美食，在高中时还被大家戏称为 Hoover（一款吸尘器品牌）。我吃着母亲烹调的地道韩国料理长大，迄今为止，那仍然是我吃过的最美味的韩国料理。EatWith 的创立，终于使我有机会将自己对美食的热爱与工作结合，现在我甚至会在家里举办晚餐会，来还原母亲的经典料理呢。

过去从不煮饭的 Michlin，在为了 EatWith 的发展移居美国后，也开始学习如何为家人准备健康的食物，现在他经常在家为心爱的人下厨，研究如何能做出在宴会上惊艳四座的 schnitzel（维也纳炸猪排），这可是他最喜欢的事情了。

食帖 ※ 对你来说，小聚会在生活中的意义是什么？

Susan Kim：对我来说，聚会是与人们建立联系的一种方式。无论是家庭聚会，还是朋友举办的派对，这些小聚会总让我们真实感受到自己与世界的连接，我想我每次参加聚会前兴奋的心情也正是来源于此。我们在做的事，能让这种与他人的接触变得更简单，你要知道，食物可是促进人与人之间连接的最古老又最有效的方式。

食帖 ※ 你心目中的理想聚会是怎样的？

Susan Kim：有美食、美好的气氛，还有一个能说会道的主人！没什么比可以享受美食与交谈，能认识新的朋友，也让老朋友变得更亲密的聚会更让我开心的了。

食帖 ※ 你加入 EatWith 至今，最让你印象深刻的一次聚会是怎样的？

Susan Kim：那是在罗马参加的一次聚会，说到举办一场完美聚会的诀窍，大概没人比 Barbara 知道的更多了。

还记得她家是一个温馨的小公寓，从进门的那一刻开始，我就被谈话声、大笑声和温暖的灯光包围了。我们之前明明互不相识，可是在这里我却感觉像是来拜访一个熟识多年的老友。真的不知道她是哪来的魅力，能让这么多初次见面的人聊得这么开心。再加上近乎完美的食物与红酒，还没出门，我就已经开始期待什么时候能再来拜访她了。

食帖 ※ EatWith 是否有可能进驻中国？

Susan Kim：当然。不仅是中国这个巨大的市场，我们希望能让 EatWith 进入每一个国家的每一座城市，让它变成日常生活的一种方式。通过美食，连接来自世界各地的人们，以及他们所代表的不同文化。通过一个个的小聚会，遇见那些最有创造力、最有远见、最有趣的人，还有什么比这更让人兴奋呢？

居住在纽约的 AI 正在家中
为客人准备一顿传统日式晚餐。

食帖 ※ 你认为举办一场小聚会时比较重要的 3 件事是什么？

Susan Kim：1. 提前做好充分的准备——没什么比没有提供足够的食物，或者错用了食材更可怕的了。一定要保证没有客人饿着肚子离开！

2. 要记住自己是一场聚会的主人，而不单单是一个厨师。一个聚会的主人，要做的可比准备食物多得多。除了要保证客人享受到美味的食物，还要注意不熟识的人之间不会因为缺少话题而冷场。找到热门的话题，炒热聚会的气氛，保证每个人都能在聚会中觉得舒适……当一名合格的聚会主人并不容易呢。

3. 注意客人的肢体语言。重要的是，要让他们觉得像在自己家里一样放松，即使是你刚刚才认识他们，也要像对待好朋友一样热情地招待。

Susan 说：
"食物是促进人与人之间
连接的最古老又最有效的方式。"

提子
小聚会是生活中的
一块甜点

张婷婷 | interview & text
提子、Denise | photo courtesy

知道提子，是因为在社交网站上看到的一张派对照片，很简单的朋友聚会，主题是 nothing to do club，用粉色的霓虹灯勾出后挂在墙上，旁边则是一个酷女孩儿在俯身准备食物。深入了解后，才知道她叫提子，是上海一家名叫"morning！"的早餐店的店主。提子的早餐店每天只在上午八点半到十一点营业，一天也只限量供应 12 份早餐，想要用餐需要提前一周预定。"早餐名额是很紧张的，很多客人常常买不到我的早餐。我曾经收到过一个男孩儿的微博私信，说他一直抢不到早餐名额，女朋友生气了，所以想要我额外多开两个名额，哄女朋友开心。那么认真对待女朋友的男孩儿我当然不能辜负，于是我多开了两个名额给这个男孩儿，他们来店吃早餐时，我看到那女孩儿笑得特别开心，男孩儿还特地来和我说了很多次'谢谢'。这就是开早餐店美好的地方，幸福是会传递的。"提子开心地说。

PROFILE

提子
1990 年生的上海女孩儿，开过咖啡馆，做过复古市集和活动策划，目前经营一家每日只在上午八点半至十一点营业的全预约制早餐店"Morning！"，是个享受折腾的人。

1	2
3	4

❶❸❹ "Morning！"早餐店每月都有有趣的主题，提子会自己动手装饰店面，将有创意的想法在"Morning！"实现。❷ 聚会的形式感很重要，提子很重视餐桌装饰和食物造型，准备的时候并不复杂，只要利用好手头的一些简单道具，就能做出惊喜的效果。

Early in the day it was whispered that we should sail in a boat, only thou and I, and never a soul in the world would know of this our pilgrimage to no country and to no end.

—Rabindranath Tagore

提子做的早餐不仅健康美味而且颜值超高，
每天清晨来这样一份早餐，心情也会很棒吧。

一个酷女孩儿和一家健康有趣的早餐店，是很奇妙的组合，"我每天五点半就要起床洗漱化妆，然后六点半出门去采购食材，七点半到达早餐店开始准备，八点半就要接待第一批客人了，然后一直忙到中午十二点。下午比较空闲，一般就处理一些设计和新菜品研发的工作，有空余的时间就会和朋友去喝咖啡、看展览、逛市场，以及发呆"。在此之前，我以为提子属于"夜型人"，晚上铁定闲不住，白天基本不出门，所以很难将这么健康规律的作息和她联系到一起。提子解释说："你错了，工作的时候，花花夜生活对我一点吸引力都没有，天一黑只想躺在沙发上玩猫。"认识提子以后，才发现她是一个停不下来的人，每分每秒都有各种稀奇古怪的想法并随时准备去实现，"工作一段时间，然后出去痛快玩几天，简直太幸福了"，每次旅行回来，都会让她越发珍惜现在的工作以及生活状态。

FEATURES | INTERVIEW

提子和小胡先生是在两年前认识的，当时刚结束上一段恋情的提子，把和前任一起开的咖啡店关闭后，就一直处于"迷茫期"。之后她在一个手机软件上认识了成都人小胡先生，当时两人并没有说过话，提子去成都玩的时候，他们才互换了联系方式。小胡先生陪着提子玩了几天，之后两人感情迅速升温，继而开始了交往，"其实当时一下飞机，我们就一见钟情了，这是实话！"提子强调说。在持续了一段时间的异地恋情后，小胡先生搬到了上海。日子如流水般悄无声息地进行着，后来，提子的早餐店开张了，"恋爱时每天都会早起给我先生做早餐，然后拍照上传朋友圈，朋友们看到都惊呼：'提子！让我来你们家吃早餐吧！'慢慢地我就有了让大家珍惜每一个早晨的想法，于是'morning！'就这样开张了。"提子和小胡先生玩玩闹闹，在今年8月登记结婚，一切都顺其自然，以至让提子也在纳闷，结婚好像也就那么回事儿。大概就是这种状态，才是最被大家羡慕的。

提子说她是个幸运的人，一直随心所欲地做事情。"从来没有正经上过一天班，大学也没有好好念，从小偏科严重，每天就喜欢看书看电影，也不好好听课，所以也算是一名问题学生吧"，提子笑说。也许就是这样的"自我放养"，才可以保留住她心中的孩子气，从"多云"咖啡馆到"morning！"早餐店，一路跌跌撞撞，最后都很成功。工作之外，提子经常会举办各种有趣的小聚会，她说过："对我和我先生来说，小聚会就等于生活中的一块甜点。"

"morning！"早餐店刚开的时候，提子举办过一次开幕小派对，"当时邀请了四五十个朋友来玩，准备了许多酒，因为我认为一场派对开得好不好有两点因素，一是音乐好不好，二是酒多不多。虽说是早餐店的开幕派对，但我也想让大家喝到微醺放松，享受这个早晨。"比起参加小聚会，提子更喜欢策划和举办："因为我们本身就比较喜欢张罗这张罗那的，做事也特别快，很多朋友准备个小派对基本要忙一周，而我们只要一天就可以全部做完。说到底，我们就是劳碌命，就特别喜欢自己忙碌，然后看着朋友们享受这场派对，对我们来说，这比自己去享受还高兴。"

1	2
3	4
5	6

❶❷❹❺ 这是提子曾经举办过的"花园派对"。说起喜欢小聚会的原因，提子笑称："因为可以看到无数美少女客人啊！真的是每个人都漂亮得体并且有礼貌，看到美人谁不高兴啊？" ❸ 顺其自然又不乏新鲜感，大概是最完美的情感状态了。❻ 随心地生活，是提子目前的状态，她感恩目前拥有的一切，工作的时候用心努力地工作，玩的时候则畅快淋漓地去享受。

食帖 ✕ 提子

食帖 ※ 一般每隔多久会组织一次小聚会?通常会从哪些方面着手准备?

提子：通常每个月都会举办一次小聚会，会邀请一些好友来店里或者家里喝喝酒、聊聊天什么的。我通常会从音乐、食物、饮品、场地布置这四大方面来着手准备，一般的小聚会，我只需要半天的准备时间，之前考虑清楚要做什么菜品，直接去买食材回来做就行了，音乐播放单交给我先生或者来参加派对的朋友就可以了。

食帖 ※ 组织过的小聚会里最喜欢哪一场?

提子：最喜欢的是早餐店"海洋球 Room"主题月结束时的那个聚会，虽然可能不能算是"小聚会"，那次邀请了一百多位客人，早餐店也破例延长了营业时间，从早上一直开到了下午五点。聚会持续了两天，客人都在喝酒、拍照、聊天，氛围特别好。

食帖 ※ 对你来说，一场理想的小聚会至少要包含哪些要素?

提子：一定要包含四个元素：舒适的场地，好看且美味的小食，令人放松的音乐，以及充足的酒水。

食帖 ※ 喜欢做什么样的聚会食物?

提子：聚会上的食物是仅次于音乐的重要存在，好的聚会一定要有漂亮可口的食物。我比较喜欢做一些方便食用、一口一个吃下去还不占肚子的美味点心，比如 Tapas、小汉堡、纸杯蛋糕、咸点以及一些水果沙拉。点心的甜咸分配也很重要，不要都是甜的，会过于腻口，甜咸搭配着来，客人们才会吃得高兴。

聚会食物的甜咸分配很重要，要从客人的角度出发，聚会才会办成功。

在做小聚会的食物造型时，提子很重视色彩搭配，比如运用一些颜色鲜艳又易购得的水果与香草。

食帖 ※ 举办小聚会时，是否会在装饰、食物造型或餐桌布置上特别花心思？

提子：餐桌布置和食物造型一直是我会花费很多精力的地方。食物造型方面要注意运用颜色对比搭配，比如用到草莓、树莓、橙子这一类颜色鲜艳的食物时，就可以用薄荷来点缀装饰。薄荷可以说是万能装饰物，不仅可以调节颜色，还能增加香气，不妨在家中种一些，用的时候直接摘取就可以啦，十分方便。餐桌布置方面，我家常备一块浅色的棉麻桌布，浅色的视觉会令人觉得放松，再搭配一些鲜花和绿植，就能轻松做出漂亮的餐桌布置了。还可以在家中准备一些高烛台和花瓶，布置的时候常会用到。

食帖 ※ 自己组织聚会时，有没有什么小方法能让客人更享受其中？

提子：作为聚会主人，让前来的每一位客人都放松享受是十分重要的。如何让客人们放下紧张，融入聚会，就是主人应该做的事情。首先，我会让客人一进门就喝一杯，并且让其他客人都参与进来一起干杯，这样就能打破拘谨的气氛了。然后就是准备一些小游戏，让大家一起参与，比如在家中或花园里藏一些小礼物，让客人自行或组团去寻找，既可以调节气氛，还能让彼此不怎么熟悉的客人玩到一起。还有就是在不影响邻居的情况下，尽量将音乐声音放得大一些。想营造热闹气氛，最简单的方法就是靠音乐啊！

食帖 ※ 如果作为客人去参加一场小聚会，会做哪些准备？

提子：一般作为客人去参加聚会时，我会事先准备一瓶气泡酒或红酒作为礼物带过去，最好再准备一条丝带扎在瓶口当作装饰，会比较可爱。

"海洋球 Room"主题月结束时的聚会，吸引了提子很多朋友前来。这是提子在"海洋球 Room"里的照片。

提子的聚会酒单

01　布琅兄弟莫斯卡托

甜 白 葡 萄 酒

价格		度数
100 元左右 750 毫升		**5%**

口感

带有一点气泡，甜中带酸，冰镇后口感更佳，使用莫斯卡托酿造而成。莫斯卡托又称麝香葡萄，酿成酒精带有明显的麝香、花香、蜂蜜和葡萄的香气。

02　巴黎之花

香 槟 起 泡 葡 萄 酒

价格		度数
300 元左右 750 毫升		**12%**

口感

法国五大香槟品牌之一，口感深厚而余味悠长，色泽清透无杂质。建议搭配水果塔、鸡肉三明治、鱼子酱或者奶酪通心粉饮用。

03　三得利角瓶

威 士 忌

价格		度数
100 元左右 700 毫升		**40%**

口感

散发淡雅的烟熏香味，口感圆润顺滑，甜美醇厚，属于中度酒，适合佐餐饮用。

提子的聚会音乐推荐

1

The Velvet Underground
I'm Waiting For The Man

+

2

slum Village
The Look of love(Pt.2)

+

3

山下达郎
メリー・ゴー・ラウンド

4

Prince
Chelsea Rodgers

+

5

Arctic Monkeys
Suck It and See

+

6

M83
Midnight City

水果面包条

Time 1h 💜 Feed 2

食材 ◇◇◇◇◇

应季水果 ··············	适量
（推荐颜色鲜艳的，如树莓、蓝莓、草莓等）	
白面包片 ··············	4 片
淡奶油 ···············	100 毫升
细砂糖 ···············	20 克
薄荷叶 ···············	24 片
糖霜 ················	适量

做法 ◇◇◇◇◇

① 选取应季的水果作为顶部装饰，水果洗净后切成合适大小。

② 白面包片去边后切成等量三份放入烤箱，以 210℃烤制约 3 分钟至表面上色。

③ 淡奶油中加入细砂糖，打至硬性发泡，装入裱花带中备用。

④ 在白面包上裱好奶油，码上水果，点缀薄荷叶，最后撒上糖霜即可。

水牛芝士小番茄

Time 10min 💜 Feed 10

食材 ◇◇◇◇◇

小番茄 ··············	20 颗（一份需 2 颗）
新鲜罗勒 ··············	20 片
水牛芝士 ··············	一盒
（圆球）	
竹签 ················	适量

做法 ◇◇◇◇◇

① 小番茄、罗勒洗净备用，水牛芝士切成合适大小。

② 用竹签依次将罗勒、番茄、水牛芝士串起即可。

日式蛋黄酱饼干 Tapas
（一种西班牙的餐前小吃）

Time 15min 💜 Feed 10

食材 ◇◇◇◇◇

熟蛋 ················	6 颗
（生食级）	
蛋黄酱 ···············	50 克
全麦饼干 ··············	一盒
新鲜迷迭香 ··············	适量

做法 ◇◇◇◇◇

① 熟蛋对半切开，蛋黄、蛋白分开备用。

② 将蛋白切碎，蛋黄混入蛋黄酱中，拌匀后加入蛋白碎做成混合酱。

③ 将混合酱均匀码在全麦饼干上，点缀适量迷迭香即可。

yuanxi
先愉悦眼睛，再满足味蕾

李仲 | interview & text
yuanxi | photo courtesy

通过一位多年好友的介绍，有幸认识了曾就职于 Comme Moi 品牌的女装印花设计师 yuanxi。出于对食物造型及餐桌布置的热爱，她还有一份副业——食物与餐桌造型师。这在国内还算是新兴职业，很多人听到这个职业时都是一头雾水，"给食物拍照就算是工作啦？"其实，这份工作绝不是随着心情摆摆盘子拍几张照片这么简单，具体来说，是负责产品包装广告和餐厅菜单图片的拍摄。要做好这份工作，必须具有扎实的摄影基础和审美功力。

对餐桌布置来说，食器选择与色彩搭配非常重要。

PROFILE

yuanxi
现居中国上海
先锋食物与餐桌造型师、女装印花设计师，毕业于伦敦艺术大学。

从法国 ESMOD 服装设计学院到伦敦时装学院，多年的异国生活和设计专业的学习，已悄然升华了她对造型和色彩搭配的审美。yuanxi 觉得，服装设计与食物造型相比，既有不同也有共通。不同在于前者有时更偏向理性，服装除了款式外，更重要的是穿着体验，而食物和餐桌造型反而多了些随性与大胆想象。共通之处则在于"衣服，要看着顺眼，你才会有购买穿着的欲望。食物也是一样，得先愉悦眼睛，才能满足味蕾"。

几年前还在上学的 yuanxi，经常下厨做饭犒劳一下自己，后来又渐渐爱上了烘焙。按她的说法，享受从选购材料到动手制作食物的美好过程才是第一要义。为自己下厨不仅是要满足填饱肚子这一基本需求，更是一种"灵感的飘舞"和身心共享的放松。

聚会，不仅仅是社交的必需，也是生活的必需。在留学的日子里，yuanxi 租了间公寓，每逢节假日，她就会邀请朋友们来家里分享美食、谈天说地。比起自己一个人用餐，聚会上大家一起摆盘拍照，想法层出不穷。那时正巧她又迷上了 Instagram，每次都希望能上传漂亮的原创照片，渐渐地，她对食物的摆盘和桌面造型就变得愈发讲究。

聚会组织者和参与者的心态自然会有些许不同。对 yuanxi 来说，空间选择是聚会主人首先要考虑的，简单宽敞的用餐空间可以让你更加自由地发挥，也更能凸显聚会食物的美味和来宾之间的互动，若把心思放在花里胡哨的装饰上，就会"喧宾夺主"。如果是客人，就要怀着愉悦轻松的心情，给主人带去小礼物表示友好和感谢。"另外，我肯定不愿在现场独自享用自己盘中的美食，这是社交的场合，会多和其他朋友互动交流。"

今年春天，yuanxi 在主副业之间做了转换，辞职后的她成为 Comme Moi 品牌的自由职业者，将更多工作空间留给食物造型，也有了更多的私人时间与朋友聚会、享受生活。

◇◇

1 | 2 | 3　❶ 正在进行餐桌造型的 yuanxi。（摄影：Cathy @lvlvlcy，桌花提供：Ian See）❷ ~ ❸ 时装设计师身份的 yuanxi 正在店内拍摄。

INTERVIEW

食帖 × yuanxi

食帖 ※ 分享一次令你难忘的小聚会吧。

yuanxi：今年春天在英国参加过一个在海边小木屋举行的半露天式聚餐。举办者用白天采摘来的新鲜花朵装点现场，到傍晚聚餐时，还请来当地的调酒师就地取材地为大家调酒，聚会主人则在小木屋外生火，烧烤当天捕获的龙虾。木屋里，女主人用花园里采来的野花装饰餐桌，点燃蜡烛，防寒的毛毯已经放在每位客人的座位上。每一个角落都充满自然淳朴的气息，是一场真正接近大自然的聚会，没有传统正式社交场合的客套恭维，每个人都在真诚地表达自我，倾听他人，大家都成了好朋友。

食帖 ※ 服装设计和食物造型，两者是否会互相启发？

yuanxi：有时候会的。比如拍摄同时有人物和食物存在的场景，会根据整体风格定位来决定人物的着装和纺织品的质感、色彩，并搭配相应的餐具与食物。在参加或组织聚会时，也会考虑到活动当天的着装要和主题场景相配。

食帖 ※ 对小聚会上食物扮演的角色怎么看？

yuanxi：食物是绝对主角，种类要丰富，供应要充足。我喜欢自助式的聚餐，多为冷餐、小食和甜食，这样可以有更多选择，能品尝不同种类的食物，食用也方便，可以更好地和周围人聊天。

食帖 ※ 可否分享一些小聚会上餐桌造型的小技巧？

yuanxi：要有一些必不可少且易出效果的元素。比如说花卉，总是能给餐桌增添活力与色彩，一束简单花束加几盏蜡烛是比较不容易出错的选择。我觉得有时在颜色的选择上，比如餐具和桌布，用庄重雅致一点的灰色、卡其色、藏蓝、米色等颜色会合适一些，既能衬托菜肴，又不喧宾夺主。

食帖 ※ 你在国外生活多年，觉得西式聚会与中国的聚会风格相比有哪些异同？

yuanxi：西餐文化里，摆盘与餐桌布置是很重要的一部分，我们印象中传统的西式聚餐是分餐制，并且习惯用长桌，把中央布置得很精美。而我们中式聚会大都喜欢大圆桌，一桌菜所有人共享，并且好像也不怎么去布置桌面，食物才是桌面主角。现在很多西方家庭聚餐也都选择共享式，与中式用餐习惯接近，每道菜都由一个公用容器盛放，大家互相传递。其实形式并不是那么重要了，对家庭而言，最重要的是人的团聚。

yuanxi 很喜欢做食物造型，
而且有时能和服装设计的工作互相启发

yuanxi 的食物造型作品。

圣诞主题的餐桌布置。

偶尔 yuanxi 也爱做些烘焙,
比起成果,她更享受沉浸其中的感觉。

粉红桃子水

Time 30min 💙 **Feed 6**

食材 ◇◇◇◇◇

水蜜桃 ·························· 3 个
柠檬 ··························· 1 个
水 ···························· 4 杯
白砂糖 ····················· 5~6 小匙
冰块 ·························· 适量

做法 ◇◇◇◇◇

① 将桃子洗净，去核。连皮切块同水煮开，放白糖，煮
5~10 分钟。

② 关火，盖上盖子焖 20 分钟后，冷却。挤一个柠檬的原
汁到桃子水中，搅拌均匀。

③ 放入冰箱冷藏，饮用时加冰块，搭配新鲜百里香或迷
迭香，口感极佳。

yuanxi 做的餐桌造型。
（摄影：Cathy @lvlvlcy，桌花提供：Ian See）

他们来到你家，是为了享受你的陪伴

李仲 | interview
阿罗 | text
Julie | photo courtesy

1997 年，Julie 从温哥华的迪布吕勒烹饪学校毕业，正式开启了自己的厨师生涯。作为一名厨师，Julie 最擅长的是精致如艺术品的法国菜。然而在人生的前 25 年里，Julie 从没做过一顿饭。

Julie 的母亲是一名厨艺精湛的厨师，但对 Julie 来说，童年的耳濡目染并没有让她爱上烹饪。母亲对待烹饪的态度严肃而认真，每一次举办聚会和晚宴都以十二万分的严谨去准备。见得多了，Julie 觉得烹饪是件很严肃的事情，对厨房也就敬而远之了。

25 岁那年，Julie 偶然翻阅了 Bob Blumer（鲍勃·布鲁默）著的 *The Surreal Gourmet*（《古怪美食家》）一书。同为厨师，Bob Blumer 的烹饪理念与 Julie 的母亲完全不同。他幽默诙谐的文字让 Julie 意识到，烹饪还可以是一件非常有趣的事。她按照书中的菜谱学做了几道菜，虽然是简单的意面和蔬菜沙拉，却让 Julie 初次感受到了烹饪的乐趣，也爱上与朋友家人分享美食的感觉。

Julie 的烹饪热情从此一发不可收拾。经过在烹饪学校系统学习之后，Julie 在温哥华的多家餐厅工作了许多年。从制订菜单、购买食材到烹饪，每一个环节她都乐在其中。但是渐渐地她发现，这并不是自己想要的生活。餐厅的工作几乎占据了她生活的全部，尽管烹饪的技巧愈发成熟，经验也变得丰富，可是她再也没有时间在家为家人和朋友做一顿饭，更别提参加聚会了。

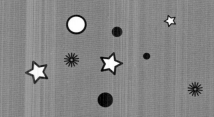

PROFILE

Julie（朱莉）
美食博主，现居加拿大温哥华。photo by Francesco Creanza

Julie 享受烹饪的乐趣，也热爱与家人朋友分享美食。photo by Ross Den Otter

Julie 毫不犹豫地辞去了餐厅的工作，和朋友一起成立了烹饪工作室 Kitchen Culinaire（烹饪厨房）。在这里她开设烹饪课程，和更多人一起分享烹饪的乐趣。在她看来，食物拥有一种凝聚力。有了更多属于自己的时间后，Julie 常常在家举办晚餐聚会。为朋友和家人烹饪，与他们一起分享食物，对她来说就是最大的乐趣。

从餐厅辞职之后，Julie 很怀念为一群人做饭的感觉，于是在工作室里开设了烹饪课程。photo by Ross Den Otter

在法国美食之旅中，享用简单的早午餐。

从餐厅辞职之后，Julie 很怀念为一群人做饭的感觉，于是在工作室里开设了烹饪课程。photo by Ross Den Otter

Julie 向当地人学习如何制作意大利饺子。
photo by Francesco Creanza

比起去餐厅聚会，在家办晚餐聚会不仅省钱，也能让大家更放松
地享受私人时间。

食帖 × Julie

食帖 ※ 你的工作室叫 Kitchen Culinaire，为什么如此命名？

Julie: 准备成立这间工作室时，我希望起个简单的名字。我享受在厨房的时间，所以就以"厨房"命名。当然，只以"厨房"做工作室的名字太空泛。那时我主要做法国菜（French cuisine），所以就加了个"culinaire"在名字里，"Kitchen Culinaire"的名字由此而来。

食帖 ※ 是什么时候决定开设烹饪课程的？

Julie: 当时我正好决定离开餐饮业。因为工作太忙，我连举办聚会的时间都没有。我希望把更多时间花在其他方面上，比如家人、朋友和旅行。可是离开之后，我又很怀念为一大群人做饭的感觉，所以我的一位朋友建议我，可以自己开设烹饪课程。结果课程的口碑不错，经营也很顺利。我还有机会去了法国和意大利，实现了我的美食之旅。

食帖 ※ 你的网站上有一个栏目叫《来意大利加入我们》，这是你组织的意大利美食之旅吗？

Julie: 你知道吗，其实此刻我就在意大利的普利亚大区，筹备我们的第二间烹饪工作室。此前我们组织过法国美食之旅，后来我曾作为志愿者参加过意大利南部的一个艺术品修复和烹饪团体，对那片土地、那里的风景和人都一见如故。那里的食物彻底改变了我。我做了 20 年厨师，但是普利亚的食材、烹饪方法和食物的传统都给了我前所未有的启发。手工制作意大利面、用柴火石窑烤面包、用新鲜的羊奶做奶酪、直接从树上摘下的成熟无花果……意大利不仅改变了我烹饪的方法，也让我意识到，适当的简化，能让我更加享受烹饪。

食帖 ※ 从你的网站可以看出，你很喜欢在家办晚餐聚会对吗？

Julie: 我确实非常喜欢在家举行晚餐聚会。我觉得，在家里招待客人这种方式，和大家的生活方式一样在发生变化。长时间的工作之后，能待在家里的时间对大家来说非常宝贵。比起去餐厅聚会，在家举行聚会不仅更省钱，也能让大家更放松地享受与家人朋友相处的私人时间。

食帖 ※ 你会为这种家庭聚会烹饪什么样的食物？

Julie: 这些年我为聚会准备的食物一直在变化。给朋友和家人做饭时，我不会再选择那些需要准备好几天的华丽又复杂的菜式。想吃这种菜我会直接去餐厅，让专业的团队（和洗碗机）搞定。在家聚会的食物就应该简单直接、美味好看。我一般会做三道菜，放在桌子上的大盘子里让大家可以自取。主菜可以是一锅炖菜，再来一道汤或者意面，配上沙拉、水果和甜点。如果是夏天，做烤肉或者烤鱼，再来一盘蔬菜配上简单的酱汁也很不错。我不太擅长做糕点，所以我家的甜点一向都非常简单。

1 | 2 | 3 　❶~❸ 在家聚会的食物就应该简单直接、美味好看。

食帖 ※ 你在家举办聚会时通常会注意哪些方面？

Julie：在家办晚餐聚会，最重要的就是一切从简。尽量做一些你可以提前准备好的菜，这样客人来了你才能有时间和他们相处。另外，别怕让客人帮忙。我办晚宴的时候，每个人都想来厨房帮把手，切个菜、开瓶酒或者洗一两个盘子。我都由他们去。这样客人会觉得这顿饭自己也出了力，会更融入聚会。

食帖 ※ 给一群人做饭并不轻松，你会需要人协助吗，还是独立完成？

Julie：如果要办一场稍大规模的聚会，我会提前一天请朋友和我一起准备食材，这也是一种炒热聚会气氛的好办法。如果聚会的规模再大一点，我会给自己列个详细的计划表。例如腌肉、切蔬菜、做沙拉这些工作，都要提前做好。想要充分利用时间，与其选择"快手菜"，不如选择那些需要在烤箱里烤很久的菜，比如焖肉。这样一来，你就有充裕的时间做其他准备工作和清洁打扫，客人来了直接上菜就可以了。很多酱汁还可以更早就提前准备好。选择不会凉得太快的菜也很重要，要知道有些菜刚出锅最好吃，有些稍微凉一点更好入口。把准备工作都做好，你才能有时间好好享受聚会。

食帖 ※ 你会为了聚会花时间装饰房间、布置餐桌，或者给食物摆盘吗？

Julie：这些年来，我的餐桌布置和摆盘都越来越简单了。我很喜欢用的是一套旅行时在跳蚤市场上买到的银餐具，配上漂亮的亚麻餐巾和蜡烛。从自家花园里采来的花花草草就很漂亮，所以我也不再从商店里买花来装饰了。我还喜欢用大浅盘子盛菜，放在桌子中间方便大家自取。装水和酒的容器我会选择简单质朴的玻璃瓶。这些元素都能使聚会的氛围更随性，大家也更自在。

食帖 ※ 准备这样一次聚会通常需要多长时间？

Julie：一般来说，我会在聚会的前一天去采购食材，这样时间比较宽裕。聚会当天，会在早晨布置好餐桌，再开始准备食物。客人到达前的几小时我再开始烹饪，这样菜就不会放凉。自己在厨房里忙碌的感觉真的好棒。

食帖 ※ 作为主人，你会通过什么方式让客人们更加享受聚会？

Julie：我的方法就是让一切都简简单单就好。如果准备工作在客人来之前都做好了，你就能轻松地迎接客人的到来。作为主人能够轻松愉快地享受聚会，你的客人才能同样享受。大家并不希望看到你为了做一顿华丽又复杂的大餐紧张不已，整晚都不得不待在厨房里。他们来到你家，就是为了享受你的陪伴。

食帖 ※ 作为客人，你会以什么心态参加聚会？会为了参加聚会做什么特殊准备？

Julie：我觉得在家举办的聚会应当是轻松而非正式的，有家的感觉。我通常会带一瓶酒去参加聚会，有时候也会带一罐自己做的前菜或者我特别喜欢的特制橄榄油作为礼物。

食帖 ※ 关于在家聚会有什么难忘的经历可以分享？

Julie：对我来说，难忘的经历通常都和一些小事有关。一顿特别美味的饭菜，一段长达好几个小时的聊天，甚至是一顿在户外花园中享用的星空之下的晚餐，都会让我难以忘怀。有些不完美的事情也会让我记住很久。我记得第一次做李子塔的时候，因为汁实在是太多了，从锅里盛出来的时候简直乱七八糟。当时我的好几个朋友都在厨房帮忙，看到之后我们都笑得不可开交。不过我们也没有和客人们说甜点做失败了，而是灵机一动在上面加了冰激凌端上桌。神奇的是，大家都超爱这道甜点。

```
 1 | 2
 ─────
   3
```
❶~❸Julie 不是十分擅长做甜点，所以她常做的甜点都非常简单，但是很美味。

 ❶ 如果要举办大型聚会，Julie 会提前让朋友来帮忙。photo by Karina Waters ❷ Julie 和朋友们在林中的聚会，餐桌布置得相对简约，但不失优雅。❸ 酒瓶、酒杯、烛台、食物，其实这些聚会上用得到的物品本身，就是最好的餐桌装饰。❹ Julie 很享受待在厨房里忙碌的感觉。photo by Ross Den Otter

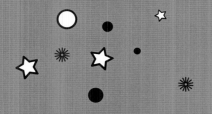

花椰菜泥配松仁煎扇贝

Time 30min ♥ Feed 6

食材 ◇◇◇◇◇

扇贝 ……………………………………………… 18 个
花椰菜 …………………………………………… 半颗
松仁 ……………………………………………… 55 克
橄榄油 …………………………………………… 80 毫升
迷迭香 …………………………………………… 半枝
智利辣椒 ………………………………………… 1 颗
红洋葱碎 ………………………………………… 200 克
葡萄干 …………………………………………… 60 克
香醋 ……………………………………………… 60 毫升
海盐、黑胡椒粉 ………………………………… 适量

做法 ◇◇◇◇◇

① 将松仁放入预热 190℃的烤箱烤 8 分钟，葡萄干用热水浸泡 10 分钟沥干。

② 大火热锅，转中火后倒入橄榄油，下迷迭香、辣椒和洋葱翻炒，撒少许盐调味；转小火，将洋葱翻炒至软，取出迷迭香和辣椒，加入香醋、葡萄干、烤松仁搅拌均匀。

③ 将扇贝肉擦干后用盐和黑胡椒粉调味；大火热锅，倒入橄榄油，放入扇贝肉两面各煎 2 分钟。

④ 将花椰菜切成小块，用橄榄油、海盐和黑胡椒粉腌制，隔水蒸 10 分钟。放入搅拌机，加入橄榄油、盐和黑胡椒粉搅拌至糊状，继续加入橄榄油搅拌直至质地顺滑。将酱汁分盛在温热的盘子里，放上扇贝肉，再浇上调味汁即可。

天天
花，是为表达心意而存在

李仲 | interview & text
Denise | photo courtesy

胡同，是北京特有的城市符号。国子监的箭厂胡同与其他胡同一样，散发着浓郁的市井气息。往深处走，如果没有人提醒，你一定会忽视这家外观可以用朴素来形容的花店。打开门的一瞬间，植物的馨香和自然的气质定会让你新奇也令你疑惑，一门内外，竟像是隔开了两个世界。

"花治"主理人天天骑自行车到店门前，手里提着花材。与想象中一样的是，喜欢与花每天打交道的人，的确安静而随和。和想象不同的是，侍弄花并不是轻松自在的差事，靠的其实是热情和百般坚持。在创立花治之前，天天与她的先生同很多人一样，兢兢业业地在公司上班，朝九晚五在办公室，下班忙碌柴米油盐的琐事。"每天在空调房里面对电脑，四季变化，花开叶落都与我无关，失去和自然的交流是一种遗憾，剥夺了我作为一个自然生灵最基本的权利。"现代人忙忙碌碌，久而久之与自然失去交流，她将其称为"自然缺失症"。

门外是生活气息浓郁的胡同，门内是自然植物的乐园。一门之隔，如同两个世界。

PROFILE

马天天
"花治"生活植物实验室主理人。

1	
2	3
	4

❶ 天天说："开花店没想象中那么轻松，每天要搬动很多植物，需要很好的体力。"
❷ ～ ❹ 店内陈列着很多鸟和昆虫标本，是天天的先生的个人爱好，皆为自制。

1 / 3
2 / 3

❶ 天天和先生的画室。❷ 天天喜欢不定期地以季节为主题组织聚会，对她来说，聚会也是生活美学的一种体现。❸ 天天的先生也很喜欢收集仙人掌。

大学时期，天天的专业是摄影，先生学的是平面设计，都是艺术专业出身，夫妇俩希望从美学角度出发，做一件能拉近人与自然距离的事情，"花治"的雏形便来源于此。在很多人看来，开花店无非是浇水施肥、修枝剪叶这些事情，好不轻松惬意。天天苦笑着摇摇头，从事这份工作后，远比她过去想象中要难得多、累得多。"花是生命，是自然的表情。每过一分钟更鲜艳，但同时也向枯萎近了一步。一直在耗损，卖不出去就只得枯萎在店里，弃之可惜，留之无用，我们俩看在眼里，急在心里，一点办法也没有。"这样艰难地撑了一段时间，花治的"香气"终于传遍胡同内外，在业界也开始有了名气。

每天和植物在一起，是她最舒服的工作状态。但人不是孤岛，需要情感的维系。失去自然，人会变得浮躁，失去朋友，人会走向消沉。在天天看来，小聚会，就是连接人与人之间情感的桥梁。大家在一起不仅吃喝玩乐，更重要的是装扮空间、烹煮打扫。聚会有种美学形式在其中，是强调形式感和空间感的沟通方式。天天说她更喜欢做聚会的主人，不定期地以季节为主题举办聚会。"总与植物打交道，不由得对季节更替变得敏感。"不同季节有不同的花，同样，蔬菜水果也分时令，大家的衣服也会有季节变更的影子在。春夏秋冬的日子，各有各的美。

食帖 × 马天天

食帖 ※ 一直困惑，插花到哪一步才能停？

天天：这个问题特别好。很多事物的奥义都在如何停，插花也是同样，多一枝则多，少一枝则少。花道大师悟花与人生的哲理时，也是在悟何时该停。像日本插花大师川濑敏郎，是用三两枝花或一枝花来插，该剪哪片叶子、哪条枝子，已经上升到人生中"取与舍"的高度。

食帖 ※ 做花店这些年，你觉得国内消费者买花多是出于什么心理？

天天：如法国、英国、日本等国家，买花多是送给自己，为了提升房间美感或愉悦自己。现在，我觉得我国的消费者买花是以送礼居多，花艺市场仍处于起步阶段，节日送爱人、朋友，看望病人会买一些花，送给自己的其实不多。对我自己而言，每天醒来看到桌上摆着花的幸福感，是不言而喻的。不过，渐渐地发现，确实有越来越多的人开始重视提升生活品质了，生活美学也在悄然流行，消费者应该也会逐渐关注花艺。

食帖 ※ 你组织的聚会通常会做哪些准备？

天天：我不是一个做饭专家，烹饪不怎么在行。所以我会请与会朋友自己带一份拿手菜来我家。重点准备方面，就集中注意力在花艺上。根据季节挑选花材，用点心思为大家准备一场视觉盛宴。

食帖 ※ 印象最深的一场聚会？

天天：除了花店，我和我先生还有一间画室，印象最深的就是有一年秋天在画室里举办的聚会。画室内，全都是我们的画作，画室外，种了很多像薄荷、迷迭香、罗勒这些可以食用的植物，那次聚会的烹饪食材现采现摘，自给自足。邀请了九位好友，大家聊天喝酒，吃着现摘食材烹制的食物，那晚特别开心。

食帖 ※ 可否与我们分享你的活跃聚会 tips ？

天天：做游戏吧。游戏能带动气氛，大家心中拘谨的那根弦会慢慢放松。时下流行的聚会游戏，我们都会一起来玩。

食帖 ※ 作为客人，去聚会时会做哪些准备？

天天：我会带花去。根据聚会主题，早上把花材准备好，花半天构思花艺的造型，在出发前做好带去。花，是表达心意最好的方式。

食帖 ※ 在你看来，花和聚会有怎样的关系？

天天：聚会，是生活美学的一种形式体现，而花担当的是美学形式的主角。现在大家都很爱拍照发到社交媒体上，空间的美感非常重要。

食帖 ※ 在你看来一场理想聚会要具备哪些要素？

天天：花，自不必说。再者是音乐。聚会上我喜欢播放舒缓而轻柔的音乐。我个人很喜欢一个来自挪威的乐队：便利店之王。晚上的话，偏爱爵士乐。再配杯红酒，气氛特别好。酒也是重要元素之一。夏天喜欢做西班牙果酒，冬天则会喝热红酒。

◇◇◇

天天的聚会花艺基本规则：

1. 选用花材与配色，可以因季节而异。
2. 注意构图，东方式的插花偏好枯淡与不对称之美，西方式插花则重视丰盛与对称造型。天天更喜欢将东西方的风格融合，丰盛的同时，也注重生动而饶有意趣的造型。

◇◇◇

深秋暖色系：
秋天是收获的季节，以暖色为基调，选用芦苇和蒲棒等花材，凸显秋天的气质和季节特性。
花材：芦苇、蒲棒、观赏彩椒果实、蔷薇果、矢车菊、银叶菊、尤加利叶。

初冬冷色系：
初冬微寒留秋影，落叶飘零，虽萧瑟但仍透着生命力。尤加利和银色菊等植物，在寒冷冬天也保持生长，
做初冬花艺的花材最贴切。
花材：蓝星、珊瑚果、荷兰刺芹、尤加利、银叶菊、紫雾草。

山本侑贵子
不求完美，
用心即为道

Agnes_Huan 歡 | interview & text
山本侑贵子 | photo courtesy

说起待客之道，身为礼仪之邦的子民自然不会陌生。我是个十分热衷于邀请朋友来家中聚会的人，自 20 多岁起一直断断续续地生活在海外，求学、工作的过程中，不断结识新的小伙伴。而我又十分喜欢下厨和烘焙，每逢周末或节假日，总是要把家里打扫一番，采购好美食美酒，亲自下厨，然后呼朋唤友，一起来家中共同度过美好的时光。

每当用心制作的美食得到朋友们的赞赏，看到朋友们聚在一起其乐融融地谈天说地，不同国家地区的文化也由此互相传递、互相渗透影响时，就是对我这个聚会主人最大的鼓励和回报。

随着越来越多的个性化餐厅、咖啡馆的出现，我们常常把聚会地点选在家以外的地方。随着人们生活的条件渐渐优越起来，越来越多的人选择在传统节日里用旅行替代家庭聚会。家宴和小聚会，仿佛已经退出了日常生活。这常常令我感到惋惜。

而最近，我有幸结识了日本聚会生活家山本侑贵子。她是日本著名的食物、空间装饰美学老师。她著有多本作品，也常常受到各大商场及餐具品牌的邀请，参与现场活动并分享她的餐桌布置经验和料理制作心得。同时，她还是一位 17 岁儿子的母亲。她喜欢制作料理，热爱茶道、香道、花道，也学习书法和中国水墨画，热爱一切手作。

在跟她的交流中，我们学到了很多有关小聚会的新鲜观点和有趣窍门。同时也看到了在不同国家、不同文化背景下，小聚会所承载的内容与功能上的差别，令人受益匪浅，所以决定分享给大家。

◇◇◇◇◇◇◇◇◇◇◇◇◇◇◇◇◇◇

PROFILE

山本侑贵子（Yamamoto Yukiko）
Dining & Style 株式会社首席执行官。日本著名的食物、空间装饰美学老师。著有《おもてなしの教科書》（款待之道的教科书）、《おもてなしテーブルコーディネート花と色の空間演出》（款待餐桌的布置——花朵与色彩的空间演出）、《おもてなし12か月》（12个月的餐桌布置和食谱）等与家宴聚会的布置装饰、料理制作、款待宾客之道相关的书籍。

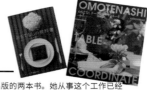

山本侑贵子出版的两本书。她从事这个工作已经有 17 年了，有时候很想和国外的友人分享。她很希望能够让人们了解到真正的日本文化，不仅仅是传统的方面，还有摩登的一面。所以她还想过将书翻译成其他语言，在别国出版。

食帖 × 山本侑贵子

食帖 ※ 能否分享一下您进入餐桌造型和聚会设计领域的经历？

山本侑贵子（以下简称"山本"）：一开始只是兴趣爱好而已。婚后，我很快有了孩子，晚上就很难出去和朋友们见面。但朋友还是要见的，我就渐渐开始把他们都约在家中。后来，朋友们越来越喜欢我组织的小聚会，也有越来越多的人来请我分享一些组织聚会的技巧。

在日本，聚会的时候人们通常是在外用餐，邀请朋友来家中做客的风俗已经不是十分流行了。我觉得很可惜。相较于其他国家，比如法国来说，日本在这方面是比较落后的。邀请友人来家中聚会，是一个展示个人生活方式和个性的机会。在共同度过的美好时光里，彼此能更好地了解。

就算你的家里非常小，也没有关系。当我们组织晚餐聚会的时候，不仅仅要考虑装饰和食物，也要考虑到"分享"，以及接待客人的喜悦。所以不用强求每个方面都尽善尽美。

1999 年 12 月（17 年前）我开始授课，当时流行的聚会风格是十分奢华的，餐桌上使用的都是大牌的食器。授课的老师都是像外交官夫人一样的太太们。

而我更想要的是简素的风格，那种奢华风的餐桌装饰课程并不能令我满足。我更希望传递那种随意舒适的，大家都能在家做出来的装饰风格。并非便宜到使用百元店的小物件，而是用在可承受范围内能买到的装饰物品。这算是我当时授课风格的独特之处。

食帖 ※ 做聚会造型时的灵感来自哪里？

山本：起初，因为总要和孩子在一起，无法出去旅行寻找灵感，所以围绕在我身边的所有人、事、物，就成了我灵感的源泉。比如说，我非常喜欢色彩和季节，这两者在日本文化里有着很重要的地位。传统节日和活动，也是不同主题的灵感来源。

我认为通过旅行寻找灵感的方法并不是必需的。如果你留意周围的人和风景，常常与人聊天，阅读杂志，这样就足够了。我以前会阅读大量的建筑类杂志，从其中的照片里可以看到异国的城市建筑风貌。

关于料理方面，我通常是去餐厅时，会被餐厅的菜肴激发灵感。有时候喜欢一道菜，就会暗自揣测做法，之后在家试做。

我还在学中国的水墨画，也常常做些餐垫桌垫、筷套等小手工。还学习过一年的插花，学的是"草月派"，大部分时间都是自学基础，之后也是靠自己不断学习和精进。学习这么多，是因为款待客人之道并非只有料理，还包括餐桌布置、餐酒搭配，以及所有可以联系到一起的事物。

食帖 ※ 在你看来，家里的小聚会通常需要注意哪些地方？

山本：这要取决于邀请的客人，看是工作伙伴、朋友，还是家人。通常来说，我喜欢邀请外国友人。因为他们常常有更多机会去餐厅就餐，却很少去日本人的家里做客，看看日本家庭的原貌。

我的私人生活和职业是完完全全地混在了一起。我有几册珍藏的来宾手册，上面写满了来家里做客的人们的留言。我会在上面贴上当天聚会的照片，有时也会忘记（笑）。有时候会用邮件将照片发给客人，这样大家就都留下了美好的回忆。千万要记得在客人离开前请他们签字留言！有时候喝了几杯酒之后我就会忘记（笑）。

每一次聚会，我都会亲手制作一张菜单。如果没时间，就做一张非常简单的。这样做的好处是，每一次聚会的菜品你都会记得，下次如果邀请同样的朋友就可以避免做重复的菜品了。

❶ 充满回忆的聚会照片。❷ 以往聚会的餐桌照片。❸ 聚会灵感来源之一的俳句诗集。❹ 来宾手册上密密麻麻的留言。❺ 山本的手作剪纸。❻ 山本手写的菜单。❼ 打印制作的菜单。

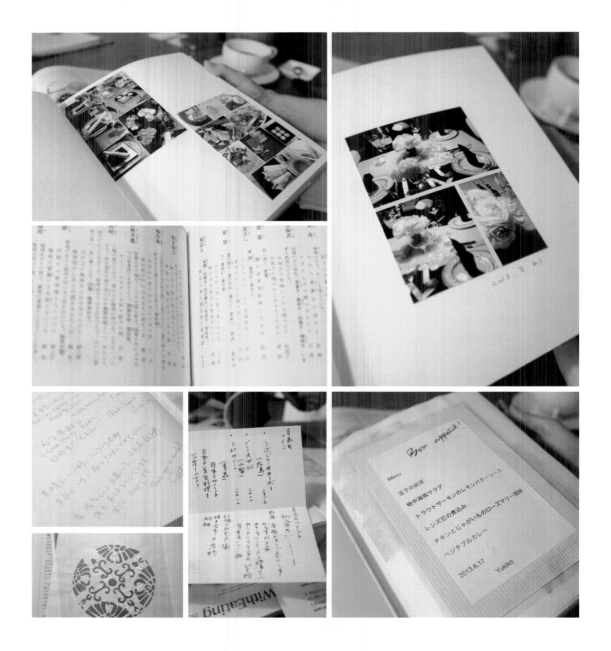

食帖 ※ 对你来说，小聚会在生活里是怎样的存在?更喜欢组织还是参加?

山本：聚会对我来说是生活中不可缺少的一部分。无论是和工作上的人一起聚餐，还是同朋友和家人一起因为某个节日相聚，都是通过一起用餐的形式来进行。

其实我对于做主人和做客人没有喜好上的明显差别。但是作为宾客的机会不是很多，如果别人邀请我的话，我会很高兴的。因为我的职业，大家都不太敢邀请我去家里做客（笑）。

因为我做过很多餐桌造型展示，我做客人时也会尤其注意这方面。常常会看到人们并不会很认真地布置漂亮的餐桌，而是采用类似 buffet 自助餐的随意形式。这令我感到十分惊奇。

而关于料理，我能理解主人都是尽了全力去做的，所以我常常会问主人菜肴的做法。这样的话，主人会很高兴，这表示客人吃得开心并且喜欢他的厨艺。

食帖 ※ 你喜欢什么样的料理?

山本：所有的料理都喜欢，尤其喜欢日本料理。意大利餐、中餐、法餐我也会做。而作为聚会主人的好处是，我想做什么（料理）就做什么。

以前有段时间，我不太喜欢在聚餐时将各种风格的菜肴混搭。但是现在，反而喜欢上在家宴时尝试混搭了，比如说，我做一场法国料理的聚餐，却在最后拿出米饭给大家，我的日本客人们就会非常开心。

食帖 ※ 组织过的小聚会里最难忘的是哪一场?

山本：有不少。印象比较深刻的是邀请外国友人的几次，因为他们非常开心。对我来说最重要的就是来宾们能够玩得尽兴。我的茶道老师也常常来我家做客，她很喜欢我这里。

但我不是每天都这样做晚餐的，只是为了款待朋友或者庆祝某个特殊的日子，比如生日、情人节等，才会做一些比较特殊的晚宴。今年我还没有机会用菊花做主题庆祝重阳节。因为刚旅行回来，完全把这件事给忘了（笑）。

在日本，如今越来越多的人开始忽视传统佳节，这很可惜。我总是很重视，比如新年总是会做传统的节庆料理，那时我的公婆也会来我们家小住几天。而我就等过完年再休息（笑）。

食帖 ※ 一般每隔多久会组织一次小聚会?通常会从哪些方面着手准备?

山本：我喜欢每两周在家办一次聚会，但因为现在工作比较忙碌，所以基本上是每个月办一次。

至于准备工作，如果是举办晚餐聚会，我通常会在白天开始准备，会尽力把所有准备工作做充分（大约80%~90% 的事先准备工作），避免在客人来了以后还要继续忙碌。这样客人到了后，只要热一下菜肴就好了。我会考虑厨房里所有可用的工具（烤箱、微波炉等），然后做一个计划，尽可能将所有工具最有效地利用。并且，所有这一切都由我独自完成。

聚会开始前，我会将要用的餐具提前摆好，然后将所有菜肴装在小的容器里面，方便稍后加热和上菜。关于摆盘，我没法像餐厅里那样面面俱到。如果是做 6~7 道菜肴的话（通常我都做这个数量），我会把两道菜放在同一个盘子里进行摆盘，不然会太浪费时间。剩下的菜肴，就盛装在大碗里，然后交给客人们在餐桌上传递享用。

如果是会席料理，我会将一开始要用的米饭、味噌汤和刺身进行摆盘。接着大家自行取用其他的料理。用餐前，会在每个人面前放三个盘子。如果还需要更多，厨房里也会备好多余餐盘。我会提前根据菜肴准备好一切所需的东西，并放在合适的地方以便随时拿取。

在客人们传递大碗自行取用菜肴时，我会抓紧空隙时间，将用过的食器先放进洗碗机里。这样当我回到餐桌上时，大碗正好传回到我这里。进行到甜点时，桌子上就只会剩下葡萄酒杯和甜点盘，不会有多余的器皿了。

当我们邀请宾客时，必须变身为全能型选手。这和在餐厅里每个人都有明确的分工不同，所有事都要自己来，并且还得非常有效率。

对于不擅长下厨的人，建议请专业的送餐服务，或者购买质量较好的现成食品。然后用购买的完成品，做出漂亮的摆盘，也是很令人愉悦的。或者还可以购买一部分熟食，然后再自己制作几道简单菜肴来做补充。

我家没有请家政妇，在日本，聘用家政妇其实不是很常见，除了一些出身比较特殊的人。当然，如果举办聚会后的第二天早晨有人能帮你打扫和洗碗，那真是很棒啊！当儿子还小的时候，我们请过一位家政妇，时不时地来家里帮手。但儿子长大后就不请了，这就是为什么现在家里不太干净（笑）。那些工作极其繁忙或者家里房子很大的人会请人帮忙打扫，但在我这里不是特别需要，我喜欢亲手做。

通常我的聚会餐会，邀请人数的上限是 8 个人，这是我家餐桌就座的人数上限。但是多数时间都是 6 位客人，有时是 4 位。关于食器，每一款我都有至少 4 套。如果来宾人数更多，就改为自助餐的形式，也比较轻松随意。

我认为我的优点是做事有条理，有计划，且时间安排合理，并且不苛求完美。

1	2
3	4

❶ 山本手绘的水墨画花朵。❷ 山本喜爱简洁的餐桌布置风格。❸ 提前装在小容器里的菜肴。❹ 和食料理前菜的摆盘。

食帖 ※ 可否分享三个让聚会成功的小窍门?

山本： 1. 准备工作：选择主题或挑选节日（生日等）；认真准备：写一份计划；提前三周向客人发出邀请；聚会开始前一周：决定菜肴和餐桌装饰风格，确认食器，做相应的采购；画一张餐桌布置的草图；聚会前三天：打扫卫生；聚会前一天：准备好鲜花、食材，做料理的准备工作；

简单来讲，就是为客人们布置好一个舒适的环境。90% 的成功都离不开充足的事前准备，切忌把事情堆积到最后一刻。至于菜单的话，要在宴会开始前再打印或者手写，避免临时变更菜肴带来改动。

2. 在决定了主题后，就要确定所使用的颜色（三种颜色是上限），接着是餐和酒。我建议选择简单的装饰物品，这样更容易进行搭配。比如说餐巾，比起选择有花样和图案的，最好是选择纯色的。

3. 如果能加入个人亲手制作的元素的话，比如说一张手写菜单，或者手写的客人名牌等，也能为餐桌带来亮点。

例如主题为中国春节的餐会，用的装饰花就是中国人称"四君子"的梅、兰、竹、菊。

同一个主题也可以用不同的方式来装饰，像圣诞节，既可以做成传统圣诞节的感觉，也可以做"白色圣诞"主题。我就做过一个全部都是白色基调的圣诞节餐会，除了装饰以外，连配餐食物和酒也都选择了白色的。

我还会用厚的彩色胶纸，切出想要的花纹，贴在纸卷的外围，用来做餐巾圆扣。我很喜欢手工制作，你看这些筷套就是我用打印机打印后自己折的。

我也喜欢研究日本的文化艺术，身为日本人，在对国外的东西产生兴趣之前，我觉得首先要对自己国家的文化有所了解。最近在研究日本的诗歌和俳句（日本古典短诗），也常常会从中找到聚会的主题灵感。

食帖 ※ 对小聚会上"食物"扮演的角色怎么看?

山本： 我认为食物是传递主人对客人的款待之心的载体。主人抱着希望客人喜爱的心情来制作这些食物，并以漂亮的形态呈现出来，除了能令客人心情愉悦，还可能成为餐桌上的话题。我喜欢的聚会食物通常是比较简单的、便于大家分享的食物。

1 | 2 | 3   ❶ 山本亲手做的筷套。❷❸ 在聊天的过程中，山本时不时起身去找以往做过的主题餐会布置照片，问我需不需要添咖啡，还贴心地准备了搭配咖啡的糖果。最后还把 17 岁的儿子请出来，帮我们拍摄合影。山本还贴心地送给我一本她的书，并在扉页上认真地写下赠言。虽说她形容自己不是个苛求完美的主人，但也许正是她与生俱来的这种贴心、从容和友善，才是完美的款待之道中最不可或缺的品质吧。

RECIPE 山本侑贵子的家宴料理
烟熏三文鱼寿司饭

Time 1h ♥ **Feed 2**

食材 ◇◇◇◇◇

水菜	1 束
烟熏三文鱼薄片	6 片
米饭	1 大碗
寿司醋	1 汤匙
柠檬汁	1/2 茶匙
莳萝	若干

做法 ◇◇◇◇◇

图3. 将水菜切成 1 厘米长的小段。

图4. 将三文鱼片粗粗地切碎。

图5~6. 将米饭和寿司醋与柠檬汁混合，加入水菜和三文鱼
拌匀后装盘，再点缀少许莳萝即可。

一张漂亮的餐桌，
就能让客人感受到诚意

Agnes_Huan 歡 | interview & text
Dora | edit
宫泽奈奈 | photo courtesy

木盒便当下午茶餐桌布置。

一开始，宫泽奈奈并未想过要成为职业的料理教师。她只是一直很喜欢在家里组织聚会，常常会有客人问她该如何制作某道菜肴之类的问题，她就会将食谱写给他们，或者直接解释给他们听。但有时，他们还会想看看宫泽是如何制作的，这给了宫泽启发——"我为什么不去料理教室工作，现场演示给大家呢？"

宫泽很喜欢料理，她自己也曾去日本和法国的专业料理学校学习过。学成之后，她曾先后在法餐厅、意大利餐厅和日本怀石料理工作室工作。在这一过程中，她对法式菜肴、葡萄酒知识、传统和食和摆盘艺术的研究也逐渐深入，最终促成她出版了四本主题分别为摆盘、款待之道、和食以及法式开胃小店的畅销书籍。

现在，宫泽除了在东京料理沙龙 C'est Très Bon 当料理教师，也常常为一些大型百货商场的主题活动设计食器，比如今年她刚为伊势丹的"木盒便当下午茶活动"设计了便当盒。

正是聚会，令宫泽找到了喜欢的职业方向，作为聚会和摆盘达人的她，这次也和我们分享了诸多聚会心得。

PROFILE

宫泽奈奈（Miyazawa Nana）
日本东京料理沙龙 C'est Très Bon 主理人

食帖 × 宫泽奈奈

食帖 ※ 你的料理灵感通常源自哪里?

宫泽:翻看很多的书籍,品尝很多的食材,比如去餐厅用餐,阅读杂志等。并且我常常旅行,旅途中遇到的新鲜事物常给我许多灵感。

食帖 ※ 对你来说小聚会在生活里是怎样的存在? 更喜欢组织还是更喜欢参加?

宫泽:比起在餐厅用餐,在家里的聚会更加从容。这对于被邀请的客人来说,也是一个欣赏主人厨艺的好体验,这样更容易感染到宾客,带去感动,加深感情。

一般来讲,都是我邀请别人。就算是别人偶尔邀请我去做客,也会要求我带一些我做的食物过去。所以还不如我亲自邀请别人上门呢(笑)。当你是专业的料理职人时,别人会害怕邀请你去家里做客,因为担心自己的厨艺无法令你满意。其实我没有这么难满足,我什么都吃,不挑剔的。

食帖 ※ 你一般多久组织一次聚会?

宫泽:有时间的时候,每个月都会组织 2~3 次家宴。最近这一阵子比较忙碌,没有那么频繁了,感觉有些可惜。但是每年的圣诞节,我是一定要举办家宴邀请朋友的。还有新年等特殊的节日我也会组织聚会。

食帖 ※ 组织聚会通常会从哪些方面着手准备? 提前多久开始准备?

宫泽:通常都会从餐桌造型着手,先做一张漂亮的用餐桌面。对于被邀请的宾客来说,既看着舒心,又能营造很好的氛围。

我还很喜欢 amuse-bouches(法式开胃小点),摆盘漂亮,制作和食用都很方便,我常常自己做,通常会搭配香槟。在日本,人们没有喝开胃酒的习惯,但我很希望通过组织聚会,让这种生活方式传播开来。

准备工作的话,一般提前三天来做。我会根据邀请的宾客来决定菜肴,比如是女生之间的聚会,还是几对夫妇之间的聚会等。接着会参考想做的料理风格,来思考如何装饰餐桌,比如是中餐还是法餐,它们适合搭配的鲜花都各有不同。我还会画一张餐桌布置的效果图。

聚会还要提供一些冷食菜肴,这类菜可以提前准备好,便于我在聚会时能有更多的时间陪伴客人。

食帖 ※ 组织过的小聚会里最难忘的是哪一场?

宫泽:那是一次为朋友组织的婚礼。我为他们制作了婚礼蛋糕,能在这样特殊的时刻给他们带去欢乐,我觉得非常高兴。

宫泽奈奈布置的精美餐桌。

宫泽写的关于 amuse-bouches 的书。

食帖 ※ 你喜欢哪一种食物风格？

宫泽：各式菜肴和甜点我都喜欢做。西餐摆盘精美，日式料理当然也爱，因为熟悉。我也出过一本关于日式料理的书。但说到更喜欢，我应该是较偏爱小分量的菜肴，看上去很美。这也是为什么我出了另一本关于 amuse-bouches 的书。当然，我也写过关于摆盘的书，摆盘是个十分重要的技巧，即使是做非常简单的食物，呈现方式的变化也可以让它变得非常精美。

食帖 ※ 作为聚会主人，能否分享三种让客人享受其中的方法？

宫泽：就算不是这方面的专家，但如果尝试亲手制作某些东西，或者添加一些有个人风格的元素（而不是全部购买成品），看起来就会很不一样。

新鲜的花朵也能带来意想不到的效果。

准备一张漂亮的餐桌也能让宾客感受到你的诚意。

另外，我总是会询问来宾他们不爱吃的食物，以及是否对某些食物过敏。

食帖 ※ 你的聚会通常邀请多少人？

宫泽：如果是在自己家，无法邀请特别多的人，通常是 10~12 人，最多 20 人。其实也要考虑到自己能否有足够的时间和客人互动，享受聚会。所有的准备工作都是我自己完成，有时候会请客人带些甜点、奶酪或水果等。

食帖 ※ 如果作为客人去参加一场小聚会，会做哪些准备？

宫泽：我会带一瓶香槟，或者带些邀请者希望我带的东西。有时候人们在举办聚会时会需要一些特殊的物品。当我抵达的时候，如果看到布置得漂亮的餐桌就会感到开心，并且很期待即将品尝到的菜肴。当然，食物本身的品质我也会看重，但如果聚会的主人不擅长下厨，只要摆盘精美，还是会令人很愉悦的。

食帖 ※ 在你心中，一场理想的小聚会应该注意什么？

宫泽：我想首先应该要常常邀请朋友来家里做客。一开始，作为主人会感到紧张，随着经验逐渐丰富，就会能够应付越来越多的聚会人数，客人也会感到更舒服自在。

在日本，人们很重视餐桌上的座席主次之分，比如有上座和下座。但在家宴时，我并不会在意这件事，除非是商务用餐场合。大多数时间我不会安排座位表，每个朋友都可以随意地坐在想坐的位子。

食帖 ※ 如何看待小聚会上"食物"所扮演的角色？ 喜欢做什么样的聚会食物？

宫泽：它们处于聚会最中心的地位，能起到连接聚会的人们的作用。

我喜欢做小而精致的食物，比如攥寿司。

搭配简单蔬菜的攥寿司摆盘。

攥 寿 司

Time 1h ♥ Feed 6

◇◇◇◇◇ **食材**

腌渍小鲷鱼（包在竹叶里呈小片状）·············· 适量

虾和三文鱼 ······································· 适量

黄瓜 ··· 适量

寿司饭用

米饭 ·· 约 450 克

醋 ··· 5 汤匙

砂糖 ··· 2 汤匙

盐 ··· 1 茶匙

昆布 ··· 1 片

做法 ◇◇◇◇◇

① 煮米饭（加入一片 5 厘米见方的昆布同煮）。

② 加入寿司醋、糖、盐拌匀，用风扇吹凉。

③ 取 110 克米饭，包入保鲜膜，用寿司竹简卷成长圆条状。

④ 去掉保鲜膜，将三文鱼、虾和黄瓜切片，斜放在米饭上，重新包上保鲜膜。利用竹简滚圆，再切块即可。

FEATURES
GUIDE

基本款
家庭小聚会筹备指南

杨雪晴 | text & edit
Ricky | illustration

也许你也和我一样，参加过的聚会远比自己筹办过的多，甚至，还从未体验过聚会主人的角色。其实，举办一场小规模的家庭聚会远比我们想象中更简单。

首先，你要像答考卷一样认真完成一份准备清单。别皱眉头，一份明确的准备清单意味着成功的一半。用心完成它，并把它当成整场聚会的幕后指挥官。接下来，你需要依次扮演好财务总监、厨师长等角色。担心自己做不好？我们已经将一切化繁为简。

准备清单 **01**

时间、主题、预算、布置、采买……种类繁多又细碎的各种事项，给了聚会新手们一个下马威。美好的事情往往不是一蹴而就的，一场小型家庭聚会有时甚至需要提前半个月开始准备，其中又可以分成5个时间段：聚会前两个星期、前一星期、前两天、前一天、聚会当天。每个时间段内都有 2~6 个小任务，只需按时逐项完成，就可以慢慢拼凑出一次完美的聚会。

「 前两个星期 」

○ 确定聚会的日期和时间。

○ **确定聚会主题。**
节日聚会、纪念日聚会、季节聚会、Stock-the-bar（宾客自带酒精饮料）、PotLuck（宾客自带食物）、阳台聚会等。

○ **拟定受邀宾客名单。**

○ **发送邀请函。**
电子邀请函和纸质邀请函均可。原创的纸质邀请函更容易给人留下深刻印象，也更能反映出主人对本次聚会的用心。注意邀请函的措辞，最好能附上简单的地图。如果聚会中安排了娱乐项目，也需要在邀请函中说明，提醒宾客选择适合的着装。

○ 如果需要的话，要提前预约保姆照顾小孩，并联系宠物寄养等事宜。

○ 确定聚会装饰并陆续采买。

『 前一个星期 』

○ **确定菜单。**
可自制、叫外卖或者购买半成品。

○ **确定饮品菜单并陆续采买原料。**
也别忘了准备充足的纯净水和无酒精饮料。

○ 确定娱乐项目并陆续采买所需材料。

○ 准备餐具、餐巾，如果有需求，可以购买一次性餐具。

○ 确定聚会装饰并陆续采买。

『 前两天 』

○ 进行最后的采买。

○ 完成手作装饰物的制作。

○ 打扫卫生。

○ 创建聚会背景音乐歌单。

『 前一天 』

○ 提前制作可以隔夜冷藏，且当天制作较花时间的食物。

○ 购买鲜花，完成聚会装饰。

『 聚会当天 』

○ 在客人来之前，完成餐桌布置。

○ 在客人来之前，完成基本食物烹饪。

○ 完成最后的聚会装饰。

○ 确认儿童和宠物的安置情况。

○ 换上你的聚会着装。

○ 在客人来之前，打开音乐。

当然，有些事不能忘记！！！

❶ 如果需要的话，可以进行自我介绍，并介绍宾客们互相认识，要努力记住每一个人的名字。

❷ 尽情享受聚会吧！

『 食物 』

聚会的整体构想确定后，你需要开始考虑采买问题。购买渠道分为购物网站和实体店铺两种，如果是网购的话，则需要给物流留出充足的时间。因为是在家举办的小聚会，所以不用考虑租金和场地费，装饰物、食物、饮品等开销便成了我们重点关注的对象。推荐大家使用在线记账工具，在确定好总预算和浮动范围后，随时更新采买清单和实际花费，做到心中有数。

在装饰物的采买上，个体间的差异较大。直接购买现成的装饰物省时省力，自己手作则在费用方面更具优势。装饰物数量的多少也跟举办者的偏好以及聚会场地的大小有关，所以在此不做采买推荐。

在食物和饮品的采买上，可以根据人数并参照如下表格来预估支出：

『 开胃菜 』
○ 餐前 …… 2~5 份 / 人
○ 正餐时 …… 4~6 份 / 人

『 沙拉 』
○ 绿叶类 …… 90~120 克 / 人
○ 沙拉酱 …… 60 克 / 人

『 主菜 』
○ 肉类、海鲜 …… 180~240 克 / 人
○ 主食 …… 90~150 克 / 人
○ 蔬菜、水果 …… 90~120 克 / 人

『 甜品 』
○ 正常大小 …… 1 块 / 人
○ 迷你版 …… 2 块 / 人
○ 冰激凌 …… 120 克 / 人

『 饮品 』
○ 葡萄酒 …… 1 瓶 /2 人
○ 啤酒 …… 4 杯 / 人
○ 无酒精饮品 …… 3 杯 / 人
○ 水 …… 1 升 / 3 人

注意事项！！！

❶ 购买葡萄酒时，白葡萄酒的数量建议大于红葡萄酒。

❷ 需储备大量的薯片、奶酪、曲奇等食物，以防出现食物不足的现象。

❸ 提前想好食物储备不足时的应对方案，最好能找到可以临时求助的人或者店铺。

01

别忘了准备一件小小的伴手礼，让宾客带着满满的回忆离去。

02. 务必在客人来之前准备好 80% 的食物，一定要避免因为一直在厨房忙碌，而忽视了与客人的交流。

03. 餐桌布置上，可以跳脱"蜡烛＋鲜花"的框架，几颗当季的新鲜水果，也可以是一道风景。

04. 尽量让初次见面的人彼此认识，并尽量让每个人都能参与到交谈中，不要垄断话语权，也不要冷落任何一个人。

05

记得将餐布和餐巾熨平，给客人用家中最好的餐具。细节处更能体现出主人的用心。

09. 尽量给宾客发送纸质版的邀请函。

10. 家庭小聚会的人数控制在 6~8 人是最好的，并且，不要等迟到的人。

11. 可稍稍将宾客的座位安排得紧凑一些，更有利于交谈。如果宾客中有夫妻，让他们分开来坐。

06

记得多拍一些照片。

07. 将很烫的食物盛盘前，记得先暖一下冰冷的餐具。

08. 尽量在聚会上多做有把握的拿手菜，如果想尝试新菜，最好严谨按照食谱制作，并不时地尝尝味道。

12

尽量小口品尝食物，因为聚会上一定会有大量的交谈等着你。

13

客人进门前最好给自己留出休息的时间，喝一杯喜欢的饮料，达到愉悦放松的状态。

19

聚会主人的情绪决定了一切，所以，请保持微笑。

14. 聚会的第一道主菜，一定要是你的拿手菜。

15. 灵活控制灯光，交谈的时候可以暗一些，合影时要保证光线充足。

16. 不要轻易取消已经定好的聚会。

17. 在第一个客人进门前，打开你的音箱，让背景音乐贯穿整个聚会，直到最后一个客人离开。

18. 一定，一定，一定要准备充足的冰块。

聚会注意事项 **03**

献给懒人的
完整聚会食单

姗胖胖、陈晗、李仲、赵圣｜text
姗胖胖｜food & photo

在家办聚会，除了氛围，美味的食物也不可或缺。花点时间，制作一桌丰盛的餐食，聚会的记忆一定会更美好而深刻。这一次，我们特意制作了两桌丰盛的聚会食物，各包含两道主菜、两款甜品和两种饮品。下次聚会如果想不到做什么，这 12 道食谱请直接拿去使用！

第一桌：
冬日暖心餐桌
A
主菜

鸡 腿 烤 葡 萄

Time 40min ♥ Feed 2

皮脆肉香，融合鸡肉香味和葡萄果香，非常诱人。

Tips:

鸡腿肉可用排骨、香肠、厚片培根替换。葡萄最好选择可食用果皮的无籽葡萄，颜色较深的葡萄，烤制后的色泽会更诱人。带皮烤的蒜瓣，可以剥出来搭配鸡腿肉一同食用。

PROFILE

姗胖胖
程序员、美食网站认证厨师、料理师、自由撰稿人。自学甜品制作，擅长用应季食材创造各式料理与甜品。平日里，喜欢与友人相聚，在家中分享自制美味。

食材 ◇◇◇◇

带骨鸡腿肉	350~400 克
葡萄（去籽）	200 克
胡萝卜	100 克
洋葱	150 克
土豆	150 克
大蒜	1 头
欧芹	适量
盐、黑胡椒粉	适量
橄榄油	适量
低筋粉	1 汤匙
迷迭香	1 枝
白葡萄酒	100 毫升
酱油	1/2 汤匙

做法 ◇◇◇◇

① 鸡腿肉割数刀，用盐、黑胡椒粉腌制入味；胡萝卜去皮，切条，洋葱均匀切 8 块，土豆去皮切大块，取一瓣大蒜切薄片。② 锅中加橄榄油，爆香蒜片，放入鸡肉煎至表皮焦黄。

③ 处理好的蔬菜和剩余蒜瓣（不用剥皮）用中火炒 3 分钟，依次加入过筛低筋粉和迷迭香，混合均匀后，倒入白葡萄酒，小火焖煮 5 分钟后，加盐、黑胡椒粉、酱油调味。

④ 烤盘按照底部蔬菜、顶部鸡肉和葡萄的位置码放好，淋上橄榄油，以 200℃烤 20 分钟，最后撒上欧芹即可。

第一桌：
冬日暖心餐桌
B
主菜

日 式 关 东 煮

Time 40min ♥ Feed 3

食材 ◇◇◇◇◇

汤底

昆布 ··························	40 克
木鱼花 ··························	100 克
薄口酱油 ··························	80 毫升
水 ··························	3.5 升
清酒 ··························	50 毫升
盐 ··························	3 小勺
糖 ··························	2 小勺

配菜

白萝卜 ··························	适量
竹轮 ··························	适量
鸡蛋 ··························	适量
魔芋 ··························	适量
各式丸子（鱼丸、牛肉丸等）··········	适量
牛板筋 ··························	适量
豆皮福袋 ··························	适量
香菇 ··························	适量

做法 ◇◇◇◇◇

① 昆布用清水泡发，小火煮微沸，捞出，加入木
鱼花，煮沸后转小火再煮 5 分钟，过滤待用。
② 清酒加热至酒精挥发，倒入锅中，加酱油、盐、
糖调味。
③ 配菜洗净，切成合适大小后穿在竹签上；鸡蛋
煮熟去壳。
④ 所有食材放入汤底锅中，小火加热即可。

第一桌：
冬日暖心餐桌
A
甜品

摩卡大理石冻芝士

Time 5h ♥ Feed 6

食材 ◇◇◇◇◇

奥利奥饼干（黑色部分）···············	100 克
黄油 ·····························	40 克
牛奶 ·····························	25 毫升
黑咖啡粉（速溶）···················	5 克
可可粉 ····························	10 克
奶油奶酪 ··························	227 克
细砂糖 ····························	50 克
柠檬汁 ····························	1 大勺
吉利丁片 ··························	8 克

做法 ◇◇◇◇◇

① 将奥利奥饼干放入保鲜袋，用擀面杖擀成粉末状。黄油放入微波炉加热至溶化，与饼干碎混合均匀后，倒入模具，用勺背压实，放冰箱冷藏备用。

② 牛奶用微波炉加热 30 秒，倒入黑咖啡粉溶解后，加可可粉，搅拌至浓稠糊状。吉利丁片用冷水泡软，备用。

③ 奶油奶酪切成小块放入料理盆，覆盖保鲜膜，用微波炉加热 30 秒（或隔热水加热）至奶酪软化后，加入细砂糖和柠檬汁，用蛋抽搅拌至砂糖溶化、奶酪糊腻滑无颗粒的状态。

④ 泡软的吉利丁片用微波炉加热 10 秒至融化成液体后，加入两勺奶酪糊搅拌均匀，再倒回奶酪糊中充分混合均匀。

⑤ 淡奶油打发至七分，加入少许奶酪糊翻拌均匀，再倒回奶酪糊中继续翻拌，即成浅色奶酪糊。

⑥ 向事先准备好的咖啡可可糊中加入少量奶酪糊搅匀，再倒入约一半量的奶酪糊，翻拌均匀，即成深色奶酪糊。

⑦ 将两色奶酪糊交错导入模具中，此时模具中的奶酪糊应该呈奶牛花纹状，用筷子或竹签勾出花纹，入冰箱冷藏 4 小时以上，推荐放置过夜。

⑧ 冷藏后，用吹风机吹热模具或用热毛巾敷热模具完成脱模。

Tips：
为方便聚会食用，可将芝士蛋糕切成小块。切块及修整四边时，每切一刀都用热水冲一下锯齿刀，用厨房纸擦干后再切下一刀。热刀可使蛋糕切面平整。

第一桌：
冬日暖心餐桌
B
甜品

莓 果 冰 激 凌 芭 菲

Time 20min ♥ Feed 2

食材 ◇◇◇◇◇

玉米片 ·· 适量
混合莓果（蔓越莓、红醋栗、草莓、树莓等）·············· 适量
希腊酸奶 ·· 1 杯
香草冰激凌 ·· 1 盒
草莓果酱 ·· 少许
大曲奇饼干 ·· 适量

做法 ◇◇◇◇◇

① 玻璃杯底部放入玉米片至杯子 1/4 的位置，玉米片上
面放混合莓果至杯子 1/2 的位置，莓果上面倒入希腊酸
奶至杯子 3/4 的位置。
② 将大曲奇饼干随意掰碎放入杯中至玻璃杯填满，再放
上混合莓果，挖两球香草冰激凌放在顶部。
③ 冰激凌上淋少许果酱，用草莓点缀即可。

第一桌：
冬日暖心餐桌
A
饮品

混合水果茶

Time 45min ♥ Feed 3

食材 ◇◇◇◇◇

葡萄柚（撕小块）··································· 半个
桃子（切薄片）····································· 1 个
草莓（切丁）······································· 适量
水 ··· 半杯
柠檬汁 ··· 适量
糖 ··· 4 勺

做法 ◇◇◇◇◇

① 桃片加水和糖，用小火煮 5 分钟，盖上盖子焖 30 分钟后，加柠檬汁。

② 依次加入其他水果，用小火煮至入味，最后依个人喜好入杯装饰即可。

第一桌：
冬日暖心餐桌
B
饮品

肉桂苹果热红酒

Time 30min ♥ Feed 4

食材 ◇◇◇◇◇

肉桂 …………………………………	5 根
苹果 …………………………………	2 个
橙子 …………………………………	1 个
红酒 …………………………………	1 瓶
柠檬皮 ………………………………	适量
砂糖 …………………………………	适量
丁香 …………………………………	一小把
迷迭香 ………………………………	3 根

做法 ◇◇◇◇◇

① 橙子洗净后，在表皮上扎入丁香。

② 将所有食材放入锅中，小火煮开，直至水果变色即可。

第二桌:
夏日爽口餐桌
A
主菜

印度薄饼卷酱油猪肉
甜椒味噌馅料

Time 1h30min ♥ Feed 2~4

食材 ◇◇◇◇◇

印度薄饼用

全麦粉（低筋粉亦可）·········	150 克
低筋粉 ·················	150 克
水 ··················	140 毫升
植物油 ················	3 大勺
盐 ··················	适量

馅料用

猪里脊肉（猪五花也可）·········	500 克
酱油 ·················	50 毫升
生姜 ·················	1 片
蜂蜜 ·················	1 大勺
葱 ··················	10 厘米
甜椒 ·················	2 个
洋葱 ·················	半个
胡萝卜 ················	2 根
植物油 ················	4 大勺
香菜籽（可不加）···········	半小勺
蒜 ··················	1 片
无盐番茄汁（100%）·········	190 克（约 1 罐）
煮毛豆粒 ···············	适量
味噌 ·················	1 大勺
水 ··················	1 大勺
咖喱粉 ················	1.5 大勺
姜黄粉 ················	少许
盐 ··················	少许

Tips:
如果不打算立刻食用，可在煎好的饼上均匀刷油后叠放，冷却后包上保
鲜膜放入冰箱。冷藏可保存一周，冷冻可保存一个月。

做法 ◇◇◇◇◇

印度薄饼做法

① 所有材料放入大碗中快速混合，揉成面团，静置 30 分钟。（如果打算第二天使用，可以放入冰箱冷藏）
② 将面团均分六份，撒少许低筋粉，用擀面杖擀成手掌大小的薄饼。
③ 中火加热平底锅，放入面饼两面煎至出现轻微焦痕即可。

馅料做法

① 姜切薄片，葱斜切成 1 厘米厚，猪肉切两半。
② 煮锅中放入猪肉，倒入能没过猪肉的水，加入姜片、葱段，中火加热至沸腾后，转小火煮 30 分钟左右，中间时不时地捞出浮沫；关火后，再加盖静置 30 分钟。
③ 保鲜袋中放入煮好的猪肉、酱油、蜂蜜，并舀 3 大勺煮汁倒入，挤出空气后密封，略微摇晃让酱汁覆盖均匀，静置 30 分钟（如第二天食用，可先冰箱冷藏）。
④ 甜椒切成 1 厘米见方的小丁，洋葱和蒜片切碎末。
⑤ 平底锅加入油、蒜末、香菜籽加热出香，下洋葱末，转大火均匀翻炒，下甜椒；将味噌与水调和后，倒入锅中快速翻拌均匀，之后加入咖喱粉和番茄汁进一步搅拌。
⑥ 将 ⑤ 继续大火加热，同时不停搅拌，令水分大部分蒸发后，加入煮好的毛豆粒和酱油猪肉拌匀，关火即可。
⑦ 将食用前搭配鸡蛋、胡萝卜丝、彩椒丝，卷入薄饼即可。

第二桌：
夏日爽口餐桌
B
主菜

番茄奶酪焗法棍

Time 30min ♥ Feed 4

食材 ◇◇◇◇◇◇

中等大小番茄	3 个 (约 300 克)
法棍	半根
金文奶酪	50 克
橄榄油	2 汤匙
意大利香醋	2 茶匙
盐、黑胡椒粉	少许
新鲜百里香	适量

做法 ◇◇◇◇◇

① 番茄、法棍切成一厘米的厚片，金文奶酪切成一口大小。

② 切好的番茄、法棍交互排列放至烤盘中，塞入适量奶酪。按食材排列中顺序加入调味料，以 200℃烤 15 分钟，至面包焦黄、奶酪融化即可。

Tips：

金文奶酪亦可换为马苏里拉奶酪，搭配罗勒叶食用，味道更佳。让人食

欲大振的色彩搭配，在家庭聚会中很受欢迎。

第二桌：
夏日爽口餐桌
A
甜品

咖 啡 冻

Time 50min 💜 Feed 4

食材 ◇◇◇◇◇

咖啡 ⋯⋯⋯⋯⋯⋯⋯⋯⋯⋯⋯⋯⋯⋯⋯⋯	1.5 杯
砂糖 ⋯⋯⋯⋯⋯⋯⋯⋯⋯⋯⋯⋯⋯⋯⋯⋯	30 克
吉利丁粉 ⋯⋯⋯⋯⋯⋯⋯⋯⋯⋯⋯⋯⋯	5 克
白兰地 ⋯⋯⋯⋯⋯⋯⋯⋯⋯⋯⋯⋯⋯⋯	1 小勺
鲜奶油 ⋯⋯⋯⋯⋯⋯⋯⋯⋯⋯⋯⋯⋯⋯	1 大勺
柑橘类果酱 ⋯⋯⋯⋯⋯⋯⋯⋯⋯⋯⋯	2 大勺
水 ⋯⋯⋯⋯⋯⋯⋯⋯⋯⋯⋯⋯⋯⋯⋯⋯⋯	1 大勺

做法 ◇◇◇◇◇

① 咖啡和糖倒入小锅中煮沸，关火，加吉利丁粉，搅拌均匀，倒入白兰地。

② 将煮好的液体的一半倒入碗中，并将碗置于另一碗冰水中，待液体变得略微黏稠时，再分别倒入小杯，放入冰箱冷藏至凝固。

③ 将剩余的另一半液体倒入另一个碗中，加入鲜奶油搅拌均匀，同样置于另一碗冰水中使其黏稠，分别倒在凝固好的咖啡冻上层，再次放入冰箱冷藏至第二层凝固。

④ 最后，将果酱和水混合，分别倒在凝固好的第二层上即可。

椰香南瓜派

Time 2.5h ♥ **Feed 4**

食材 ◇◇◇◇◇

低筋面粉 ································· 100 克
糖粉 ···································· 30 克
黄油 ···································· 60 克
蛋黄 ···································· 30 克
鸡蛋 ···································· 2 个
南瓜泥 ································· 260 克
细砂糖 ································· 30 克
淡奶油 ································· 110 克
椰丝 ·································· 适量
椰子脆片 ······························ 适量

做法 ◇◇◇◇◇

① 黄油切小块，与低筋面粉、糖粉一起放入料理盆，用手指将面粉和黄油搓至碎砂状。加入蛋黄，用刮板以切拌或翻拌的方式拌匀成团。

② 将面团置于保鲜膜中间，擀成适当大小的片状。入冰箱松弛 1 小时以上（或者过夜），避免在烤制过程中面皮回缩。

③ 模具提前用软化的黄油（分量外）涂抹；面皮从冰箱取出回温至柔软，铺在模具上，去掉多余部分。

④ 用叉子在派皮上叉小洞，放上油纸，其上放置红豆或烘焙石等重物，以 180℃烤 20~25 分钟至微微上色，取出放凉备用。

⑤ 南瓜蒸熟后去皮去瓤，过筛成泥，取 250 克放入料理盆中，加入鸡蛋和细砂糖，用蛋抽搅匀后，加入淡奶油，继续搅拌，制成柔滑内馅。

⑥ 南瓜馅倒入派皮中至九分满，表面撒适量椰丝和椰子脆片，以 150℃烤 30 分钟。烤好后晾凉脱模，切块享用。

第二桌:
夏日爽口餐桌
A
饮品

椰 林 飘 香

Time 20min 💜 Feed 3

食材 ◇◇◇◇◇

菠萝汁	227 毫升
椰浆	50 毫升
朗姆酒	40 毫升
冰块	适量
菠萝	适量
菇娘果	适量

做法 ◇◇◇◇◇

① 菠萝切块，与菇娘果一起插在竹签上，备用。
② 将菠萝汁、椰浆、朗姆酒、冰块放入料理机，搅打均匀。
③ 将打好的鸡尾酒倒入杯中，放上装饰竹签即可。

香茅奇异果茶

Time 60min ♥ Feed 3

食材 ◇◇◇◇◇

奇异果	3 个
香茅	5 根
冰糖	适量
水	1 升
柠檬	数片

做法 ◇◇◇◇◇

① 奇异果去皮，用料理机榨成果泥，放入模具中冻成奇异果冰球待用。

② 锅中倒水，放入香茅和冰糖，水开后煮 5 分钟，放凉备用。

③ 柠檬切片放入杯中，倒入香茅水；奇异果冰球成形后用流动水冲模具，将脱模后的冰球放入香茅水中。

④ 每杯放入一根香茅杆，将柠檬片中柠檬汁戳出，即可饮用。

从 0 到 100，
一步步征服你的胃和心

Kira Chen | recipes & photo
张婷婷 | edit

一个人张罗一桌饭菜并不容易，但只要大功告成，看着客人们吃得心满意足的神情，就会觉得一切都是值得的。没有什么比亲手为朋友准备美味的食物，更能展现款待之心了。即使是厨房菜鸟，也总有适合你制作的食物，因为"好吃"并不意味着复杂。而如果你厨艺精湛，就一定要趁聚会之际在客人面前露一手，惊喜与赞美是你身为勤劳的聚会主人理应享受的。所以，我们准备了初级、中级、高级三组聚会食谱，无论厨艺如何，都能找到适合你的聚会食单。

初级篇 | 小食

烟熏三文鱼乳清奶酪
迷你黄瓜塔

Time 15min ♥ Feed 12

食材 ◇◇◇◇◇

黄瓜	2 根
烟熏三文鱼	100 克
洋葱	50 克
罗勒叶	20 克
意式乳清奶酪 *	150 克
盐	适量

做法 ◇◇◇◇◇

① 黄瓜洗净，用削皮器刮出间隔的花纹后，切成 3 厘米的小段。用水果挖球器挖出黄瓜瓤，小心不要挖穿底部。

② 三文鱼、洋葱切小丁备用。

③ 罗勒洗净沥干，用厨房纸吸干水分后，切碎备用。

④ 将三文鱼、洋葱碎、罗勒碎与乳清奶酪混合，拌匀后加入适量盐调味。（烟熏三文鱼已含有盐分，此处需注意盐的用量。）

⑤ 把混合馅料填入准备好的黄瓜中。

* 意式乳清奶酪（ricotta），一种起源自意大利的奶制品，是由生产奶酪的副产品——乳清加工制成，口感湿润而柔滑，风味温和，脂肪含量低，在意式料理中常作为意大利面、千层面或乳酪蛋糕的材料。

传统瓦伦西亚风海鲜饭 *

Time 60min ♥ Feed 4

食材 ◇◇◇◇◇

鸡腿肉	700 克
兔肉	300 克
烟熏甜辣椒粉（pimentón）	1.5 小匙
藏红花	1 小匙
番茄	4 个
长扁豆	200 克
红椒	1/4 个
迷迭香	适量
米	320 克
橄榄油	50 毫升
盐	适量
柠檬	1 个

做法 ◇◇◇◇◇

① 鸡腿肉和兔肉切大块，无须去骨。番茄用料理机打碎成泥，长扁豆洗净，除去两端并用手掰成 5 厘米左右长段，红椒切成 5 毫米宽条，备用。

② 锅内入橄榄油，烧热后放入鸡腿肉和兔肉，大火煎至两面金黄，加入长扁豆，与肉一起翻炒 3 分钟。

③ 在锅的中心留出空间，倒入番茄泥，调至中小火，等番茄的水分稍微蒸发后，加入烟熏甜辣椒粉，迅速翻炒以防辣椒粉烧焦。

④ 加水至没过锅中食材，放入藏红花和迷迭香，同时加入盐搅拌均匀，中火煮 15~20 分钟。

⑤ 当水蒸发至原来的一半时，调整盐量（考虑到之后还会加入米，此时汤汁稍稍偏咸最为适宜），取出迷迭香，撒入稻米，用铲子铺匀（此处可适当添加水）。这一步骤需注意海鲜饭在制作时不要用铲子翻动，防止破坏米粒的完整形状，因此在加水时一般都需要提前计算水量，一人份为 80 克米，对应 3 到 3.5 倍的水。

⑥ 在米饭表面铺好红椒丝，大火煮约 8 分钟，确认米的硬度，如果合适即可关火，静置 5 分钟后，放入切好的柠檬。

* 海鲜饭（paella）：源自西班牙，paella 这个词在西班牙语中既指这种西班牙烩饭，也指制作这道料理时所使用的特殊的平底大锅。由于以海鲜为原料的海鲜饭最受欢迎，因此大家便将 paella 统称为海鲜饭。而在其起源地瓦伦西亚，正宗的 paella 是不使用任何海鲜的。兔肉、鸡肉和长扁豆，再加上产自巴伦西亚的圆粒稻米，才是海鲜饭最初的灵魂，据说完成时厚度最高不超过两粒大米，才有资格被称为一锅真正的海鲜饭。

无花果配新鲜奶酪
开心果脆

Time 10min ♥ Feed 12

食材 ◇◇◇◇◇

无花果 ··	12 个
开心果 ··	30 克
新鲜奶酪 ··	50 克
焦糖酱 ··	适量

做法 ◇◇◇◇◇

① 无花果从顶部下刀，切成十字形。

② 撒上切碎的开心果，并加入新鲜奶酪和焦糖酱 *
即可。

* 新鲜奶酪可用希腊酸奶代替，焦糖酱可以使用市售焦糖
酱或自己在家制作。

焦糖酱

Time 10min

食材 ◇◇◇◇◇

白砂糖 ··	200 克
冷水 ··	60 毫升
开水 ··	150 毫升
盐 ··	2 克

做法 ◇◇◇◇◇

① 在小锅里混合白糖和冷水，大火煮开后调至中
火，观察糖的颜色变化。

② 另取一锅，将 150 克水烧开。

③ 当锅里的糖开始大量起泡时，改为中小火。糖
的颜色变成琥珀色时可以稍微搅拌一下让糖的颜色
更加均匀。

④ 待糖的颜色继续加深，变成深琥珀色时，立即
关火，加入开水，用铲子搅拌均匀，再入一点盐。
待冷却后装入玻璃瓶，放入冰箱冷藏即可。（糖焦
化时的温度极高，小心烫伤。）

黑莓迷迭香香槟

Time 5min ♥ Feed 6

食材 ◇◇◇◇◇

香槟	1 瓶
黑莓	100 克
迷迭香	适量

做法 ◇◇◇◇◇

① 黑莓冷冻备用。

② 打开香槟，倒入杯中，再放入冰冻黑莓和迷迭香装饰即可。

中 级 篇 ｜ 小 食

青柠酸奶油虾盅

Time 20min ♥ Feed 12

食材 ◇◇◇◇◇

馄饨皮	12 张
虾	12 只
混合沙拉叶	70 克
青柠	1 只
酸奶油 *	60 克
盐、辣椒粉、黑胡椒粉	适量
蜂蜜	适量
黄油	30 克

做法 ◇◇◇◇◇

① 黄油用微波炉加热融化，将馄饨皮平摊在烤盘上，均匀地刷上融化的黄油，撒少许盐调味。

② 烤箱预热180℃，把馄饨皮放入大小合适的模具，调整好想要的形状后，放入烤箱烤至金黄后取出，约需3分钟。

③ 虾去头去皮，用辣椒粉、黑胡椒粉和盐调味，放入烤箱烤制约5分钟。（虾头也可一同放入，最后可作装饰。）

④ 酸奶油加入青柠皮碎、盐和蜂蜜调味，并与沙拉叶混合后，填入定型的馄饨皮中，再放入烤好的虾，最后与切成角的青柠一同摆盘即可。享用时可根据需要挤入青柠汁。

* 酸奶油（sour cream）：酸奶油是一种富含脂肪的乳制品，由奶油和一些乳酸菌发酵而成。因为发酵过程中的乳酸菌和酸的味道，所以命名为酸奶油。味道清新带酸，可以添加在菜品中增加风味，也可以与新鲜水果混合食用。

白酱培根千层面卷

Time 80min ♥ Feed 4

食材 ◇◇◇◇◇◇

菠菜千层面皮	12 张
面粉	40 克
黄油	40 克
牛奶	500 毫升
培根	150 克
洋葱	1 个
蘑菇	400 克
橄榄油	适量
肉豆蔻粉	适量
盐、白胡椒粉、黑胡椒粉	适量
马苏里拉芝士碎	50 克

做法 ◇◇◇◇◇◇

① 将千层面皮放入冷水浸泡约 10 分钟至变软（浸泡前先将面皮一张张分开，防止吸水后粘连），捞出沥干，用厨房纸巾吸去多余的水分。

② 制作白酱：

a 将黄油用中火融化，撒入面粉，翻炒 10 分钟，至面粉变熟后盛出备用。

b 牛奶中加入肉豆蔻粉、白胡椒粉和盐调味，用小锅加热至沸腾。其间用打蛋器边搅拌边加入炒好的面粉，在酱汁变浓稠前，不要停止搅拌，防止产生面粉团。得到想要的质地后，离火备用。

③ 制作馅料：

a 将培根切成 1 厘米见方的小片，洋葱和蘑菇切碎。

b 平底锅中倒入橄榄油，烧热后放入培根，大火煎至培根出油后，放入洋葱翻炒，调至中火，当洋葱变熟透明后，加入蘑菇碎，再次大火翻炒 3 分钟至蘑菇变熟，加入盐和黑胡椒粉调味。

④ 将馅料与一半的白酱混合，取适量填馅放在千层面皮上，从一端卷起。

⑤ 待千层面皮全部卷好后，整齐地码在烤盘中，将剩下的白酱均匀地淋在表面，最后撒上马苏里拉芝士碎。

⑥ 烤箱预热至 180℃，将千层面卷放在烤箱中上层，烘烤至奶酪融化并变为金黄色为止。

香草奶黄酱（Natillas）配糖渍树莓

Time 40min ♥ Feed 4

食材 ◇◇◇◇◇

牛奶	500 毫升
蛋黄	100 克
糖	115 克
低筋面粉	80 克
香草荚	1/2 根
柠檬皮	1/2 个
盐	1 克
黄油	25 克
树莓	50 克
朗姆酒	20 毫升
玛丽饼干	50 克
莓果（装饰用）、薄荷、柠檬皮碎、糖霜	适量

做法 ◇◇◇◇◇

① 制作香草奶黄酱：

a 切开香草荚，将香草籽刮出放入牛奶中，香草荚与柠檬皮也一同放入，加热至沸腾后迅速离火，盖上盖子，浸泡 10~15 分钟，使香气充分进入牛奶。

b 过滤牛奶，取出香草荚和柠檬皮，再次加热牛奶。

c 取 100 克糖与低筋面粉充分混合，加入蛋黄打发至发白。（可防止与牛奶混合不均匀，产生小面粉团。）倒入一半加热过的牛奶，充分混合后，再全部倒回另一半牛奶中，中高火加热至沸腾，其间需不断搅拌。

d 得到理想的质地后离火，倒入敞口容器，紧贴表面盖上一层保鲜膜，放入冰箱冷却。

② 将 15 克糖、树莓和朗姆酒混合，腌渍约 10 分钟。

③ 玛丽饼干掰碎后放入杯底，倒入冷却的香草奶黄酱，放入一层糖渍树莓，再淋上一层香草奶黄酱，放入水果和薄荷装饰，撒上一层柠檬皮碎，最后用糖霜装饰。

西柚金汤力

Time 5min ♥ Feed 1

食材 ◇◇◇◇◇

杜松子酒 ·································	45 毫升
汤力水 ···································	90 毫升
西柚汁 ···································	30 毫升
百里香 ···································	1 枝
西柚片 ···································	1 片

做法 ◇◇◇◇◇

① 将西柚汁与杜松子酒混合，倒入装有冰块的杯中。

② 缓缓倒入汤力水，用调酒棒稍微混合，过度搅拌会影响汤力水的起泡口感。

③ 放入百里香，并插上西柚片装饰即可。

伊比利亚火腿配双重质地哈密瓜冻

Time 40min ♥ Feed 12

食材 ◇◇◇◇◇

伊比利亚火腿 ·····························	6 片
哈密瓜 ···································	1 个
琼脂粉* ···························	每千克液体使用 5~6 克
罗勒叶 ···································	12 片

做法 ◇◇◇◇◇

① 制作双重质地哈密瓜冻:

a 哈密瓜去皮,用水果挖球器挖出 12 个直径 2 厘米的哈密瓜球,放入方形模具中备用。

b 将剩余的哈密瓜榨汁、过滤,称量后倒入锅中,煮至沸腾。加入琼脂粉并迅速搅拌均匀。(琼脂粉的用量应根据液体量调整,每千克液体使用 5~6 克。)

c 将哈密瓜琼脂混合液倒入已放入哈密瓜球的模具中,于室温环境下静置至凝固。

② 将凝固的哈密瓜冻脱模,伊比利亚火腿切成合适的宽度。将哈密瓜冻放在火腿的一端,轻轻卷起塑形,最后加入罗勒叶装饰。

*琼脂粉(agar-agar):可使用条状、块状等不同琼脂代替,但需注意使用不同的琼脂,应参照相应包装上的比例,根据纯度不同,用量也会有所差别。

高级篇　　主食

低温烹饪猪肉配黄桃

Time 100min ♥ Feed 4

食材 ◇◇◇◇◇

猪里脊	1 块（约 500 克）
黄桃	3 个
猪骨酱汁	200 毫升
白砂糖	50 克
苹果醋	10 毫升
盐	100 克
水	1 升
迷迭香	适量

做法 ◇◇◇◇◇

① 制作低温烹饪猪里脊：
a 将整块猪里脊冷水下锅，焯水后取出沥干放凉。
b 将 100 克盐与 1 升水混合，把猪里脊放入盐水冷藏约 1 小时。
c 再次取出猪里脊沥干，并用厨房纸巾吸去多余的水分，装入密封袋中，放到 75℃的恒温水浴中，烹饪约 30 分钟。取出后放凉备用，密封袋中的汤汁也保留待用。
② 制作低温烹饪黄桃：
a 黄桃对半切开，去核后放入密封袋中。将低温烹饪机设置为 85℃，放入密封袋，烹饪约 45 分钟，取出放凉备用。
b 取一个黄桃，去皮后切片备用。剩余的黄桃去皮切块，放入料理机中搅碎成质地细腻的黄桃酱。
③ 在猪里脊上切出均匀的刀口（注意不要将里脊切断），将黄桃片插入每一个切口中。
④ 把密封袋中的汤汁与猪骨酱汁混合，加热 5 分钟。
⑤ 另起一锅，将糖放入加热，当糖开始变成琥珀色时，加入醋和猪骨混合酱汁，加热约 5 分钟，待酱汁浓稠后关火，倒出放凉备用。
⑥ 将猪里脊和酱汁一同放入密封袋，将低温烹饪机设置为 65℃，加热约 20 分钟。
⑦ 取出猪里脊，淋上黄桃酱，点缀适量迷迭香即可。

猪骨酱汁

Time 5h ♥

食材 ◇◇◇◇◇

猪骨	1 千克
洋葱	100 克
胡萝卜	30 克
大葱	30 克
水	6 升
盐	适量

做法 ◇◇◇◇◇

① 烤箱预热至 180℃，放入猪骨烤至焦黄。
② 将猪骨与蔬菜放入锅中，加水烧开后，转小火煮 4 小时，过滤出汤汁，将得到的高汤用小火收干至原来的一半，即可得到猪骨酱汁。

黑巧克力慕斯
配焦糖玫瑰泡沫

Time 40min 💜 Feed 4

食材 ◇◇◇◇◇

黑巧克力慕斯

奶油（脂肪含量 35% 以上）	260 克
全脂牛奶	60 毫升
蛋黄	24 克
糖	12 克
60% 黑巧克力	160 克

焦糖玫瑰泡沫

全脂牛奶	300 毫升
蛋黄	30 克
玉米淀粉	10 克
糖	50 克
玫瑰花瓣	2 克
盐	适量

装饰糖

白砂糖	50 克
玫瑰花瓣	适量

做法 ◇◇◇◇◇

① 制作黑巧克力慕斯：
a 取 60 克奶油与牛奶加热备用。
b 混合糖和玉米淀粉，然后再加入蛋黄混合，搅打至发白。
c 将 a 的一半倒入 b 中，混合均匀后再倒回 a 的锅中加热
至 83°C。
d 在放入巧克力的碗中，加入过滤后的 c，冷却 28°C ~30°C。
e 搅打 200 克奶油至七分打发后，分两到三次加入 d 中，
搅拌均匀，避免过度搅拌，易使慕斯中的空气流失，影响
口感。
f 将做好的慕斯倒入模具中冷冻。
② 制作焦糖玫瑰泡沫：
a 牛奶中加入少许盐，放入玫瑰花瓣加热至沸腾，迅速离
火，盖上盖子静置 15 分钟，过滤后，再次加热至沸腾，备用。
b 另取一个小锅，放入糖，加热至融化，调至中火，待糖
浆变为琥珀色后，离火并加入沸腾的牛奶，不断搅拌。由
于糖的温度极高，要小心此刻溢出的蒸汽。
c 蛋黄与玉米淀粉混合，用打蛋器搅打均匀后，加入一半
的 b，拌匀后，再将液体倒回 b 的锅中。不断搅拌并加热
至沸腾，变浓稠后即可离火，倒入敞口容器中，紧贴表面
覆盖上一层保鲜膜，冷却至 30°C 以下。
d 将 c 倒入发泡器中，使用一到两颗气弹，摇匀，即可得
到焦糖玫瑰泡沫。
③ 制作装饰糖：
把糖均匀地撒在锅底，加热至 160°C后，冷却至可拉出细
丝的程度，离火，在模具或烘焙纸上，画出想要的形状。
稍冷却后脱模，用玫瑰花瓣装饰。
④ 将焦糖玫瑰泡沫、黑巧克力慕斯、装饰糖依次码好，
点缀少许玫瑰花瓣即可。

反向球化石榴莫吉托

♥ Feed 12

食材 ◇◇◇◇◇

海藻胶* ·································	2 克
矿泉水 ·································	450 毫升
石榴汁 ·································	30 毫升
朗姆酒 ·································	45 毫升
薄荷叶 ·································	12 片
苏打水 ·································	60 毫升
糖 ·····································	20 克
乳酸钙* ·······························	4 克
黄原胶* ·······························	0.2 克

做法 ◇◇◇◇◇

① 在矿泉水中加入海藻胶，用手持搅拌棒搅匀后，倒入碗中，覆上保鲜膜，在冰箱中冷藏静置 8 小时以上。

② 将薄荷叶和糖放入杯中，捣碎。加入石榴汁和朗姆酒，搅拌均匀后过滤；再加入苏打水、乳酸钙和黄原胶，用手持搅拌棒打匀调成莫吉托。

③ 在模具中放好薄荷叶，然后将调好的莫吉托倒入半球形模具中，放入冰箱冷冻 4 小时以上。

④ 取出海藻胶溶液，再另准备一碗矿泉水。将冻好的莫吉托放入海藻胶溶液，再用漏勺取出，放入矿泉水中。取出后，沥干多余水分即可。（同时放入多个莫吉托球进入海藻胶溶液时，应防止其互相粘黏。）

球化反应：由西班牙斗牛犬餐厅主厨 Ferran Adrià 在 20 世纪 90 年代发明，是分子料理中常用的一种技术，可以仅凝固液体的表面，从而制造出外部仅有一层薄膜，内部仍保持液态的球体。分为正向球化反应和反向球化反应，正向球化反应为一种从外向里的反应，制成球状后需立刻食用，否则会逐渐凝固。反向球化反应为一种从里向外的反应，因此可以存放一段时间，内部仍保持液态。

使用反向球化技术做出的莫吉托，在放入嘴中的一瞬间便会在口中破裂，等着看毫无防备的客人们嘴里突然溢满了莫吉托时惊喜的表情吧。

*海藻胶（algin）：与莫吉托中的钙离子反应，产生薄膜。

*乳酸钙（gluco）：为需要进行反向球化反应的莫吉托提供钙离子，当溶液为牛奶、酸奶等含钙液体时，可减小用量甚至不使用。

*黄原胶（xantana）：玉米淀粉经由野油菜黄单孢菌发酵产生的复合多糖体，是一种稠化剂。它可以增稠莫吉托，使其冷冻后能够全部浸入海藻胶溶液中，而不会由于密度过小而漂浮在海藻胶水溶液之上，影响反应。

一场成功的小聚会，除了出色的食物搭配，一定也少不了酒。聚会用酒，重要的不是价格，而是是否适合。选对一瓶合适的酒，既可以调节聚会气氛，也能让客人喝得尽兴而归，当然从某些方面能更好地展现聚会主人的品味，要说"酒品即人品"，也不无道理。

一般情况的聚会，准备威士忌、金酒、白兰地、龙舌兰、伏特加、朗姆酒这一类的基酒是最不容易出问题的，因为不管客人喜欢什么口味，都可以找到一杯适合自己的用基酒调制的鸡尾酒，当然这需要现场有个不错的调酒师，可以应对一切。如果没有调酒师，那就选择最简单的办法——向酒中加冰、苏打水、汤力水、雪碧等调和饮用，但因为以上基酒的酒精度比较高，如此往往会怠慢了不嗜酒的人。

当然你也可以选择葡萄酒，甜型葡萄酒因为口感偏甜，所以比较适合大多数人，尤其是邀请女性参加的聚会选择甜型酒大概是最保险的。甜型葡萄酒主要分为：甜白、半甜白、贵腐酒、冰酒这四种，其中贵腐酒价格相对高一些，人们平时常喝的是甜白和半甜白葡萄酒。甜型葡萄酒的最佳饮用温度是在 8℃左右，所以通常需要稍微冰镇一下。佐餐时，可遵循"甜配甜"的准则，越甜的食物会使葡萄酒的甜味变得越淡，所以说从聚会食物着手，也可以选出适合饮用的酒类。

我们也可从聚会的性质、男女老少的比例来选择适合的酒，如果是以年轻人为主的聚会，可以选择中高度的酒类或者多口味的啤酒，如果是家庭聚会，则可以选择价格略高一点的中低度酒，适合慢慢喝，也不会上头，所有这些选酒的方式都是要从客人方面出发考虑，选择适合的聚会酒是需要很用心的。

Martin Miller's Gin（马丁·米勒金酒）

原产地：英国

酒精度：40%

马丁·米勒金酒是较为高端的金酒，属英式金酒，无色透明，口感比较清淡。

金酒具有浓烈的杜松子香味，一般需要冰块打底，以 1 份金酒搭配 3 份汤力水的比例进行勾兑，最后加入新鲜柠檬片，这种搭配比较适合女士慢饮，缺点是后劲较大，不要贪杯。

Jack Daniel's Whiskey（杰克·丹尼威士忌）

原产地：美国

酒精度：40%

杰克·丹尼威士忌是最常见的入门威士忌酒，价格也比较亲民，属美国波本威士忌，液体呈棕色，口感醇厚清香，一般以 1 份威士忌搭配 3 份可乐或者姜汁汽水的比例，加入柠檬片及碎冰勾兑，或以 2 份威士忌同 1 份糖浆的比例勾兑，最后点缀薄荷叶。

Beluga Vodka（白鲸伏特加）

原产地：俄罗斯

酒精度：40%

白鲸伏特加向来以"贵族饮用"为傲，属俄罗斯高端伏特加品牌。这款伏特加的特别之处在于采用麦芽醇为原料，以古老技术通过自然发酵而成。虽然人们对伏特加的第一印象就是烈酒，但是白鲸伏特加的生产者声称，绝对不会给饮用者带来宿醉的反应。白鲸伏特加入口饱满丰腴，后味持久，含有花香和麦香，酒体晶莹澄澈。伏特加可以同适量番茄汁勾兑成著名的鸡尾酒——血腥玛丽。

Havana Club（哈瓦那俱乐部黑朗姆酒 7 年）

原产地：古巴

酒精度：40%

"我的 Daiquiri（得其利）在 La Floridita（哈瓦那著名酒吧），我的 Mojito（莫吉托）在 Bodeguita（哈瓦那著名酒吧）"，这是作家海明威在哈瓦那居住时最常挂在嘴边的一句话，由此可见他对古巴酒的热爱。古巴有着"朗姆之岛"的美誉，这首先要归功于品质优良的甘蔗、有利的气候、肥沃的土壤和古巴朗姆酿酒大师的独特技术。哈瓦那俱乐部系列朗姆酒以古巴当地优质甘蔗榨取的最为纯净的糖蜜酿制而成。7 年朗姆酒酒体呈红木色，带有可可、香草、甜烟草和热带水果的香味，可以以 5 份朗姆酒同 12 份可乐的比例，加入数滴青柠汁和适量冰块，勾兑成"自由古巴"。

Don Julio Blanco（唐胡里奥白龙舌兰酒）

原产地：墨西哥

酒精度：38%

龙舌兰酒又称"特基拉酒"，被称为墨西哥的灵魂。唐胡里奥白龙舌兰酒选用墨西哥的洛斯拉图斯哈利斯科高地上手工栽种的龙舌兰为原料，制成过程漫长。这款酒口感柔顺，散发着巧克力、柑橘、梨子的香气，且带有些许黑胡椒和麦芽的气味，是墨西哥最受欢迎的高端龙舌兰酒。龙舌兰与牛奶搭配适合女士饮用，还能勾兑成最经典的鸡尾酒——玛格丽特。

Hennessy Very Special Cognac（轩尼诗干邑白兰地）

原产地：法国

酒精度：40%

白兰地被称为"葡萄酒的灵魂"，尤以法国干邑地区出产的白兰地为最佳。聚会用酒一般使用这种 V.S（Very Special）级别的即可，价格不算太高，勾兑鸡尾酒也不至于太心疼。这款干邑白兰地口感偏甜，可直接加冰饮用，比较常见的喝法还有添加雪碧或红茶等。

1 分钟
就能搞定小食摆盘

Dora | edit
Denise | photo courtesy

虽说家庭聚会的重点是放松、愉快、舒服，食物摆盘或餐桌布置等可以随意，但如果你不想只是组织一场"好吃"的聚会，而是渴望营造一个处处流露着美、令人赏心悦目的聚会氛围，不如就从最基本的食物摆盘开始着手。

家庭聚会的食物摆盘，不需要特别浮夸和华丽的造型，仍旧以分享食物的功能性为主。主菜类的大份菜肴，通常不需要特别摆盘，只需要酌情撒些香草等调味品装饰即可。相对而言，更有发挥空间的是小食类。为了便于客人拿取和食用，小食一般应做成一口大小，

盛装多份小食的容器，可以是漂亮可爱的托盘，也可以只是家里常备的大号圆盘，或者是一块砧板。而这些看似简单的容器，其实都是你发挥创造力的工具，或者说是你的画板。

所以，我们就用圆形和长形两种"画板"，以及 4 款极其简单的聚会小食，为你演示 4 种任何人在家就能轻松做出的有趣摆盘。

基本原则

A 活用"点、线、面"造型。B 重视食材之间的配色。C 所有盘中的装饰都必须是可食用的且风味相称的。

圆盘类

一口烤蔬菜

Time 30min ♥ Feed 4

摆盘要点：点 + 圆形

食材 ◇◇◇◇◇

樱桃番茄	2 个
细茄子	一小段（约 10 厘米）
英国黄瓜	一小段（约 10 厘米）
水萝卜	2 个
红葱头	1 个
小土豆	（提前煮熟）2 个
小胡萝卜	适量
意大利香醋	适量
橄榄油	适量
海盐、黑胡椒粉	适量

蛋黄酱汁用

蛋黄	2 个
橄榄油	1 小匙
法式芥末酱	1 小匙
柠檬汁	少许

做法 ◇◇◇◇◇

① 烤箱预热 200℃；所有蔬菜切片，土豆片置于底层，上面依次叠放小胡萝卜片、黄瓜片、茄子片、水萝卜片、番茄片、黄瓜片、红葱头片。（底部尽量为土豆片，起到支撑和盛接上部汤汁的作用，其余部分只需保持一层较软、一层较硬的口感搭配即可。）

② 用橄榄油、香醋、海盐和黑胡椒粉调成酱汁，淋少许在每份叠好的蔬菜上，移入烤箱，200℃烤 10~15 分钟。

③ 调和蛋黄酱汁，先倒在圆盘中适当位置，确定基本构图，再将烤好的蔬菜挞搭配摆放，最后用剩余的蔬菜片做少许点缀即可。

肉桂黄油吐司条

Time 10min ♥ Feed 2

摆盘要点：线 + 长方形 + 圆形

食材　◇◇◇◇◇◇

吐司片 …………………………………(切条，4等分)	1 片
肉桂粉 ………………………………………	适量
细砂糖 ………………………………………	适量
可生食鸡蛋 …………………………………	1 个
熔化黄油 ……………………………………	适量
炼乳 …………………………………(可选)	适量

做法　◇◇◇◇◇

① 烤箱预热 180℃；吐司片切条，先均匀涂抹一层黄油，再将混合好的肉桂糖粉均匀撒在吐司条上，移入预热好的烤箱，用 180℃烘烤 5 分钟即可。

② 同时，在煮锅内放入生鸡蛋，倒水至没过鸡蛋，开中火煮至水沸腾，立即关火。将鸡蛋取出，快速放入一盆冰水中冷却后，剥去一半蛋壳，切掉一小半鸡蛋，露出半生蛋黄，放入小托杯中即可。

③ 先想好构图，然后将烤好的吐司条和鸡蛋摆放在盘中合适位置，再淋少许炼乳，撒适量肉桂粉做装饰即可。

一口
番茄芦笋意大利面

Time 30min ♥ Feed3

摆盘要点：线 + 圆形

食材　◇◇◇◇◇◇

意大利面 ……………………………………	1 人份
樱桃番茄 ……………………………………	适量
芦笋 …………………………………………	适量
小米椒 ………………………………………	适量
大蒜 …………………………………………	1 瓣
盐、黑胡椒粉 ………………………………	适量
罗勒 …………………………………………	适量
橄榄油 ………………………………………	适量
帕尔马干酪 …………………………………	适量

长盘类

做法　◇◇◇◇◇

① 烧开一锅水，下入意大利面和一大匙盐，煮 15 分钟左右，将面捞出沥干水分。

② 同时将樱桃番茄切四等分，芦笋切斜段，大蒜切片，小米椒切段备用。

③ 平底锅大火加热，倒入橄榄油，下蒜片和小米椒段炒至出香，转中火，加入芦笋段略微翻炒，加入樱桃番茄继续翻炒至软烂出汁，撒适量盐、黑胡椒粉和新鲜罗勒碎，翻炒均匀后加入沥干水分的意大利面，快速翻炒几下，使酱汁均匀包裹面条后即可关火。

④ 分成 3 小份装盘，撒适量新鲜罗勒碎和帕尔马干酪碎点缀即可。

小聚会奶酪盘

Time 30min ♥ Feed4~6

摆盘要点：分类填满

食材 ◇◇◇◇◇

奶酪 ································· 2~3 种
火腿 ································· 1 种
橄榄 ································· 1 种
水果 ································· 2~3 种
⋯⋯ ································· 1~2 种
坚果 ································· 1~2 种
苏打饼 ······························ 1~2 种
蔬菜条 ······························ 1~2 种
面包 ································· 1 种
酱汁 ································· 1 种

做法 ◇◇◇◇◇

只需将所有食物组合摆在一起即可。

装饰用元素 ◇◇◇◇◇

香草、香料、坚果、酱汁、奶酪碎、柠檬皮碎（或青柠皮碎、橙皮碎等）、可食用花卉等。

16种常见餐桌植物档案

赵圣 陈晗 | edit
Denise | photo courtesy
野兽派 | cooperation

餐桌布置,常常会包含这几种元素:餐桌、植物、餐布、餐具、杯瓶、烛台、水果。餐布、餐具、杯瓶、烛台等都属于日常备品而非消耗品,根据个人喜好购入之后,就要想办法以它们为基础,每一次搭配出不同的餐桌主题。而能令同样的餐具立刻呈现出新鲜风格的道具,非植物莫属。

相较于其他装饰物件,植物的购买成本要低得多,有条件的话,还可以从自家花园采摘使用。而且,比起人造产物,鲜活的植物总能为餐桌增添一丝自然气息,视觉上也令人放松舒适。所以这一次,我们就图解科普16种适用于餐桌布置的美丽植物,当你下次去花艺市场时,一定不会茫然。

自然

风格餐桌植物

常春藤 ❶

拉丁学名
Hederanepalensis var. sinensis (Tobl.) Rehd

五加科常春藤，属多年生常绿攀缘灌木。果实呈圆球形，通常为红色或黄色，花期为 9～11 月，果期为翌年 3～5 月。多栽种于墙根等处，作为垂直绿化装饰植物，也可在室内垂吊栽培，需注意时常向叶片表面喷水，保持湿润。

苔藓 ❷

苔藓结构简单，仅包含茎、叶两部分，是最低等的高等植物。喜潮湿、一定光照环境，多生长在森林、沼泽、裸露的岩石中。室内栽培时，需放置在见光处，定时喷洒纯净水，保持苔藓湿润，并注意定期通风，防止苔藓霉烂。

尤加利 (两种) ❸

拉丁学名
Eucalyptus globules Labill

尤加利又名桉树，原产澳大利亚，多为针形长叶，也有个别品种的叶片为圆形。圆形尤加利叶喜光，不喜潮湿，因此要注意保持充足光照。尤加利香气独特，除了被用作花艺装饰，也常被用于制作精油。另外，尤加利还是澳洲无尾熊（考拉）的主要食物来源。

干树枝 ❹

干树枝作为最易获得的搭配小物，秋冬季节可在户外捡拾。造型独特的树枝，可重复使用，搭配不同种类材，协助造型的同时，亦可为餐桌增添自然气息。

淘金彩梅 ❺

拉丁学名
Chamelaucium uncinatum

又名风蜡花，属桃金娘科，多年速生常绿灌木，耐旱，植株可达 10 米。叶片形似松针，四季常青，花型呈梅花状，花瓣蜡质有光泽，多为粉红或白色。澳梅花期长达 1~2 个月。购买后可作扦插处理，较易存活，并尽量保持土壤干燥。

刺芹 ❻

拉丁学名
Eryngiumfoetidum L.

多年生草本植物，广泛分布于亚洲、南美、非洲等地。主根呈纺锤状，花朵为密集伞型小花，多为蓝、紫、绿色。刺芹可作为食用香料使用，味道类似于芫荽。在阿尔卑斯山脉生长有野生高山刺芹，常被用作美容产品的添加物质。

多肉植物 ❼

多肉植物又称多浆植物，是指某一营养器官因贮藏水分，外形呈肥厚状态的植物。其种类近万种，多生长在干旱地区，仅依靠体内水分维持生命。景天科植物，因喜光、适应沙质土壤，是最受欢迎的多肉植物品类。此外，多肉植物还包括菊科、番杏科、仙人掌科等。

植物其实无须很多，也无须名贵。
选自己喜欢的几种，根据一定的色
彩搭配规则组合即可。

柔丽丝 ❶

被称作"少女的长发"，但它并不是花，而是原产台湾的红藜成熟后结成的穗。未成熟的柔丽丝多呈绿色，成熟后逐渐变为红、橘等暖色系，是餐桌中最常使用的下垂型花材。

孔雀草 ❷

拉丁学名
Tagetes patula L.

孔雀草又名杨梅菊、红黄草，是菊科一年生草本花卉，原产于墨西哥。其植株长约 40 厘米，对气温与日照长度较为敏感。孔雀草花型小，花瓣分为单、双两种，颜色以橙、黄为主。当茎叶破损时，还会释放特殊气味，驱散小虫。花叶亦可入药，还具有一定清热补血功效。

蝴蝶兰 ❸

拉丁学名
Phalaenopsis aphrodite Rchb. F.

蝴蝶兰为兰科蝶兰属，原产于马来西亚、泰国等热带地区，喜热畏寒，10℃以下会停止生长。花期为冬季，有红、白、黄等颜色，具有极高的观赏价值。栽培时最好使用混合质土壤，并注意干湿交替，切忌保持湿润状态。

蕾丝花 ❹

拉丁学名
Orlaya grandiflora

原产于北非及中东地区的草本植物，因伞状花朵形似蕾丝花边得名。蕾丝花喜光照，对土质要求较低，叶片多呈羽状，边缘有锯齿。小巧的白花先组成"伞状花序"，再由此组合成更大的花序，搭配任意品种花卉都十分出彩。

跳舞兰 ❺

拉丁学名
Oncidiumhybridum

跳舞兰又名文心兰，是世界重要的兰花切花品种，本属植物数量多达数百种。喜湿润，适宜生长温度一般在 18℃~25℃之间，花色多为黄、棕。种植时，为保证叶片的湿度与通风，可向叶面喷水，增加空气湿度，对花卉的生长十分有益。

紫叶李 ❻

拉丁学名
Prunus Cerasifera Ehrhar f. atropurpurea (Jacq.) Rehd.

紫叶李别名红叶李，属蔷薇科落叶小乔木，多生长在高海拔地区。喜光，对土壤适应力强，在温暖湿润环境下生长良好。紫叶李枝条舒展，叶片光滑，常年呈紫红色，边缘有锯齿痕，果实近球形，是常见的观赏类植株。

天堂鸟 ❼

拉丁学名
Strelitzia reginae Aiton

天堂鸟又名鹤望兰，是一种单子叶植物，原产于非洲。喜温暖、潮湿、光照充足的环境，适宜生长温度在 19℃~20℃之间，在我国南方多有种植。天堂鸟四季常青，花期在冬季，且时间较长，花型独具特色，是十分理想的装饰花材。

雏菊

拉丁学名
Bellis perennis Linn.

雏菊是菊科植物的一种，原产于欧洲，种植历史悠久。叶片短小平直，类似于未长成的菊花，植株小巧，喜光照充足，不耐阴，抗耐性强，花期在夏季，可持续 3~6 个月，颜色分为白、粉、黄等几种。雏菊富含氨基酸与多种微量元素，兼具药用价值。

公主花

拉丁学名
Proteacynaroides (L.) L.

公主花又名帝王花，是南非的国花，适宜生长在温暖、微干、光照充足的地区。花球大小在 10~30 厘米之间，每株植株可开出 5~10 个花球，不同气候生长出的公主花，在形状、颜色上有明显差异。新鲜的公主花可制作成干花，具有极高的观赏与药用价值。

在挑选色彩搭配的道具时，
千万别忘了鲜丽的水果，既
美观，又可以食用！

最为难得的
是手作之心

杨雪晴 | interview & text
张婷婷 | photo courtesy

生活在快节奏都市中的我们，深知相聚不易。一场小聚会，就像学生时代的一次"山间秋游"，整个过程都是缓慢而让人兴奋的。忘不了当年提前几周就开始热切期盼的心情，也忘不了临行前搜罗零食塞满背包时一丝不苟的认真模样。

如今，你变成了"山间秋游"的组织者，受邀的伙伴们一定也在家中默默倒数着、幻想着。你一定总想把最好的东西带给他们，相信我们对于"最好"的定义也是一致的：手作、环保、饱含心意。

除了食物，聚会装饰物也能充分体现组织者的手艺和审美意趣。今天，就分享几种每个人都能自己制作的聚会装饰物，材料易得，价钱实惠，操作过程相对简单，"手残星人"也可以轻松搞定。最终的成品绝对会让人眼前一亮，亦可当作日常装饰物使用。

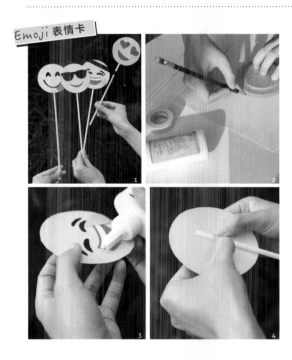

Emoji 表情卡

三角折纸挂饰

「材料」

彩纸／圆口容器／小棍／铅笔／尺子／剪刀／乳胶

「制作过程」

STEP01 将圆口容器扣在黄色的彩纸上，用铅笔描画出若干圆形，并用剪刀剪下。→图❷

STEP02 参照自己喜欢的 Emoji 表情，用其他颜色的彩纸描画出眼睛、嘴巴、眉毛等表情元素，也用剪刀剪下。→图❸

STEP03 用乳胶将表情元素粘在黄色的圆纸片上，再用胶带将做好的表情固定在小棍上即可。→图❹

「材料」

彩纸／剪刀／铅笔／尺子／乳胶／白色细棉线

「制作过程」

STEP01 用各色纸片剪出若干三角形，并用剪刀剪下。→图❻

STEP02 准备若干条长度一致的棉线，依次将三角形用透明胶带粘在棉线上即可。→图❼

「材料」

泡沫薄板／铅笔／马克笔／尺子／裁纸刀

「制作过程」

STEP01 在纸板的反面画上参数线条，建议外框尺寸为 40 厘米 ×60 厘米，内框尺寸为 30 厘米 ×30 厘米。→图❷

STEP02 根据画好的参数线条用裁纸刀裁开。→图❸

STEP03 在正面用马克笔写字或画上喜欢的图案即可。→图❹

植物名卡

「材料」

白色小卡片／尤加利果／金色水笔／麻线／剪刀

「制作过程」

STEP01 在卡片上写好来宾的名字。→图❻

STEP02 用麻线穿过卡片的孔洞，再将植物绑在卡片上即可。→图❼

玻璃杯漂浮烛台

「材料」

透明玻璃矮杯／平蜡烛／多肉植物

「制作过程」

STEP01 将多肉植物根部裁剪成合适的长短，并与蜡烛交错码放在杯中。→图❾

STEP02 在玻璃杯内倒入等量的水，点燃蜡烛即可。→图❿

FEATURES | GUIDE

梅森杯蜡烛

「材料」

梅森杯／蜡烛／麻布／麻线／干花／剪刀

「制作过程」

STEP01 把麻布剪成适当长度，用胶水固定在梅森杯上，用麻线缠绕瓶口。→图❷

STEP02 将蜡烛点燃后放入杯中，再根据需要做装饰即可。→图❸

落叶绳串

「材料」

麻线／枫叶／金色颜料喷罐

「制作过程」

STEP01 去除枫叶上的浮土，均匀地喷上一层金色颜料，晾干。→图❺

STEP02 如图，将上好颜色的枫叶依次绑在麻线上，挂起即可。→图❻

铁丝架背景墙

「材料」

铁丝架／符合聚会风格的明信片／干花／夹子

「制作过程」

STEP01 用夹子或铁丝将明信片和干花等装饰物固定在铁丝架上，挂在墙上或摆在墙边即可。→图❾

「鲜花穿线壁饰」

「猫咪气球」

「材料」

鲜花／麻线

「制作过程」

STEP01 用剪刀将花头剪下，注意要保留一部分花茎。→图❷

STEP02 依次将花头系在麻线上，保持花头朝向一致。→图❸

STEP03 最后将鲜花穿线系在横梁上即可。→图❹

「材料」

气球／彩纸／剪刀／尺子／胶水

「制作过程」

STEP01 用彩纸剪出若干组猫咪的鼻子、胡子和耳朵的形状。
→图❻

STEP02 吹起气球，将做好的猫耳等部件粘在气球上即可。
→图❼

或许孩子
比大人更需要
美妙的聚会

赵圣 | text
Denise | photo

不只成年人的世界需要聚会，为孩子们准备一场场美好的聚会，在他们的成长过程中留下一段段温暖而独特的回忆，也十分重要。孩子们的聚会，除了要准备充足的零食点心之外，可爱、有趣，令他们充满惊喜的装饰，当然也不可或缺。而且，大部分为孩子准备的装饰物都很简单，只需购买少量常见物件，其余的可以自己动手制作，或者和孩子一起制作，这样才足够真诚和有爱。

孩子们的圣诞节

【 材料 】

红绿双色挂旗 / 圣诞树 / 松果 / 星星 / 彩灯等圣诞树装饰物 / 圣诞帽

圣诞节最传统的颜色组合就是红和绿，在装饰中可重复利用，也可加入金、银等亮色系的颜色。在西方，圣诞节也是家人团聚的日子，除了童趣的装饰外，也可借助蜡烛等光源营造氛围。

孩子们的万圣节

【 材料 】

黑橘双色挂旗 / 白色蜘蛛网饰物 / 蝙蝠窗贴 / 万圣节派对帽

橘、白、黑是万圣节的经典配色，这次将黑色设置为主色调，将传统窗贴改造成挂饰。若想使派对装饰种类更丰富，也可加入南瓜、骷髅、幽灵等元素，或使用其他深色系装饰物。一些角色扮演的服装也是不错的选择。

孩子们的生日会

儿童挂旗 / 彩色圆形纸片 / 气球

生日主题派对主要强调轻松欢快，
在色彩的使用与搭配上可更加丰富。
如果有特定的具象主题，也可大量
使用与之相对应的颜色。派对食物
装饰、餐具等小物的色调亦可统一，
这样整体展示效果会更佳。

孩子们的新年会

新年主题挂旗 / 彩灯 / 蜡烛

新年主题派对氛围温馨，可借助灯
光营造氛围。如果想设计成偏传统
的中式新年风格，亦可加入红色元
素，增加节日效果。

谁会拒绝一张小而美的卡片？

赵圣｜text
Denise｜photo courtesy
Ladong｜cooperation

用于展示派对时间、地点、主题等重要信息的邀请卡片，如果添加上富有设计与创意感的元素，同样会成为客人的珍藏。日常材料加上灵感巧思，谁会拒绝这样一张小而有心的卡片呢？

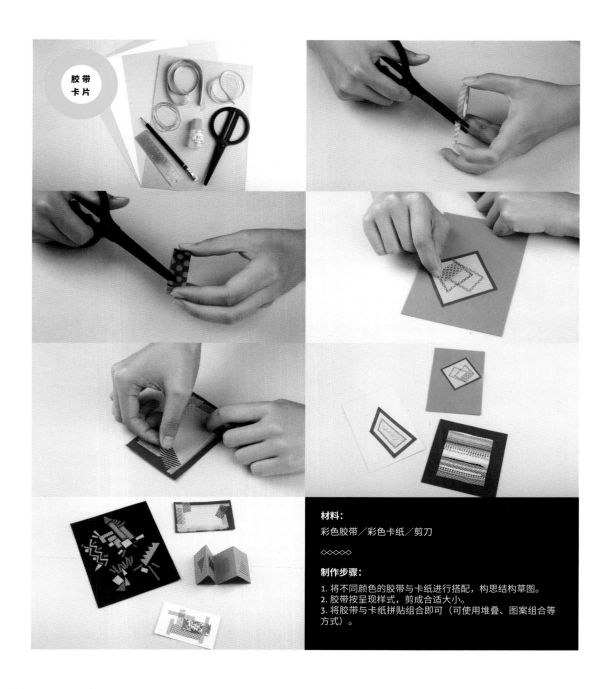

材料：
彩色胶带／彩色卡纸／剪刀

◇◇◇◇◇

制作步骤：
1. 将不同颜色的胶带与卡纸进行搭配，构思结构草图。
2. 胶带按呈现样式，剪成合适大小。
3. 将胶带与卡纸拼贴组合即可（可使用堆叠、图案组合等方式）。

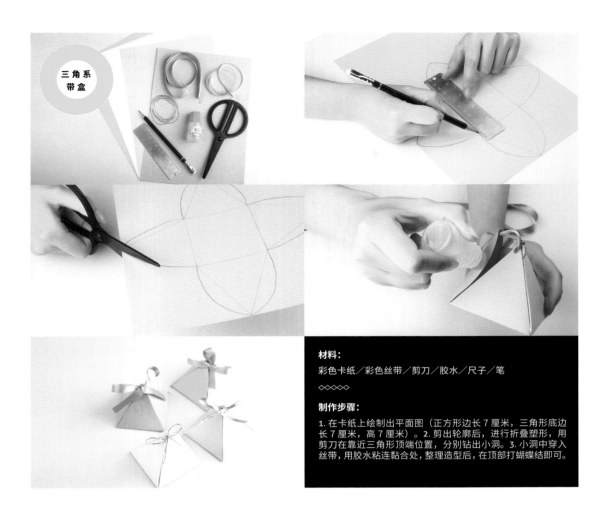

三角系带盒

材料:

彩色卡纸／彩色丝带／剪刀／胶水／尺子／笔

◇◇◇◇◇

制作步骤:

1. 在卡纸上绘制出平面图（正方形边长 7 厘米，三角形底边长 7 厘米，高 7 厘米）。2. 剪出轮廓后，进行折叠塑形，用剪刀在靠近三角形顶端位置，分别钻出小洞。3. 小洞中穿入丝带，用胶水粘连黏合处，整理造型后，在顶部打蝴蝶结即可。

材料:

彩色卡纸／刻刀／尺子／笔

◇◇◇◇◇

制作步骤:

1. 在卡纸上绘制出平面图（心形按照0.5厘米宽的长方形组合，顶部 1.5 厘米，中部 7.5 厘米，底部 0.5 厘米；两侧宽 1.5 厘米、中间宽度 4.5 厘米，其余部分依次上调位置）。
2. 用刻刀刻出心形与折叠位置（可借助尺子，使刻痕竖直）。
3. 将心形向外推，按照平面图折叠即可。

心形立体卡

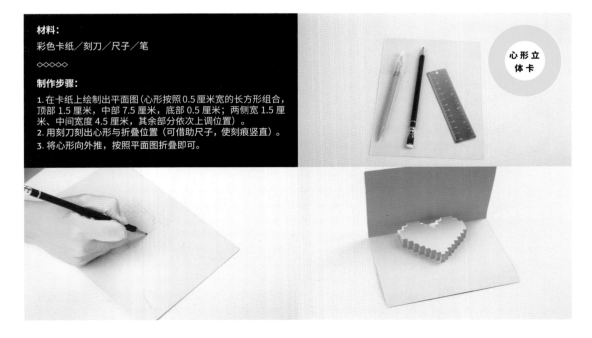

"旋转"卡片

万圣节蝙蝠侠

材料：

黑色卡纸／剪刀／活动扣／笔

◇◇◇◇◇◇

制作步骤：

1. 在卡纸上画出蝙蝠侠的身体、翅膀的平面图。
2. 剪出轮廓后，组合造型，用剪刀分别在中间位置钻出小洞。
3. 用活动扣将卡片组合即可。

植物卡片

迷迭香枝卡

材料：

一束迷迭香／棕、白两色卡纸／麻线／固体胶／剪刀／笔

◇◇◇◇◇◇

制作步骤：

1. 将迷迭香修剪成合适长度，弯曲成圆形，用麻线固定，粘在卡纸上。
2. 用白色卡纸剪出形状，填写邀请人姓名，粘在花环上即可。

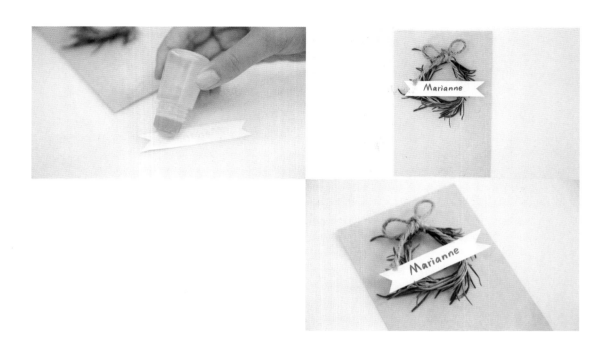

植物印花卡

材料：

白色邀请卡片一张／树叶／金色漆笔

◇◇◇◇◇

制作步骤：

1. 用树叶在卡纸上构思结构草图。
2. 用漆笔涂满整个树叶，并迅速将纹路印在卡纸上。
3. 依次印完全部树叶即可。

植物卡片

纹样打印卡片

1.Freebies
Link: https://www.designcuts.com/product-category/freebies/
2.MOUTAIN Modern Life
Link: http://mountainmodernlife.com/free-printables/

◇◇◇◇◇

制作步骤：

1. 从免费素材网站中下载喜欢的素材。
2. 借助 Photoshop 等图片工具，将素材简单地拼接组合，制作成独一无二的电子邀请卡，打印在卡纸上即可。

从曲水流觞
到谈话时代

李仲 | interview & text
Wiki Commons | photo courtesy

人是社会性动物，喜欢热闹，排斥孤独是我们人类与生俱来的自然属性。

现代社会，科技发达，微信群里喊一声，打几通电话，就能凑齐一个局。爱热闹厌孤独不是现代人专有的属性，虽然不如现代通信方便，但古代时候的聚会，其实比现代人有内涵、有情调得多。很多书法家和画家都会在家或择一雅园，定期举办"诗会"和"笔会"，格调高雅且含蓄。

中国历史上最著名的一次聚会应该是东晋书法家王羲之的"曲水流觞"主题聚会，他与孙绰、谢安、谢万、王凝之、王献之等四十一名文人高官，在兰亭（位于今浙江省绍兴市）以文会友，抒发心事。"虽无丝竹管弦之盛，一觞一咏，亦足以畅叙幽情"，虽然没有音乐伴奏的盛况，但边喝酒，边叙谈，诗兴一起，把内心深处的感情都表达出来，大家还是玩得很开心的。那天，众人共得诗三十七首，王羲之更是在众人皆醉我独醒的状态下，写下了千古名篇《兰亭集序》。

曲水流觞其实在周代就已初具雏形。每年农历三月初三的上巳节，正逢开春时节，人们希望除去旧的一年所沾惹的晦气和病气，便请法师或女巫在河边举行仪式，除灾祛病，这一仪式叫作"祓除"或"修禊"。后来，人们将其与赏春、踏春合在一起，为了给活动增加乐趣，就把盛满酒的酒杯轻放进河里，让其顺着河流溪水漂浮。酒杯飘到谁面前，谁就拿起酒杯一饮而尽，兴致好的人，更会当场赋诗一首。会享受的不只吟诗作赋派，蛰居了一个冬天，自然要出来舒展一下筋骨。相约一起出门放风筝是古人的一大爱好，年龄不限，老少咸宜，大人、孩子都爱玩。"正是人间三月三，风筝飞满天"的说法也由此而来。

《兰亭曲水图》，山本若麟绘于 1790 年，现藏于日本神户市立博物馆。

说起聚会，就不能不谈"吃"。
平民百姓的家庭小宴暂且不说，
古代的宴席是很值得研究的。

①

『孔府宴』

孔府是孔子及其后人居住的地方，是中国儒家思想的发源地。孔府宴遵照君臣父子等级，礼节周全，程序严谨，是古代宴会的典范。孔子生于山东曲阜，自然，宴席以鲁菜为主。炒、炸、烧、蒸……烹饪手法多样。孔府宴代表菜有八仙过海闹罗汉、神仙鸭子、一品海参、孔门干肉等，食材丰富考究，菜式精美可口。

②

『满汉全席』

满汉席又称满汉全席，顾名思义，就是集满汉两族美味佳肴于一桌的宴席。清初时期，满族人入主中原大地，满汉两族的文化开始相互交流、融合。满汉席菜肴精美讲究，用餐礼仪完备。席前要上两炷香，从茶水开始，上四鲜果、四干果、四看果和四蜜饯，再到冷盘、炒菜、大菜、甜品等，共计三百二十道菜肴。

③

『烧尾宴』

烧尾宴在唐代非常流行。所谓"烧尾宴"，是指官员升迁或上任时，用来招待前来道贺的亲朋和同僚好友的宴席。为什么叫烧尾呢？有一种说法是鲤鱼在跳龙门时，只有经天火烧掉鱼尾，才能越过龙门，成为真龙，于是就用"烧尾"来形容仕途升迁。另外一种说法是羊入新群，要烧焦旧尾才能被接纳，比喻新的工作环境要展现出新的气象。

在国外，聚会被称为沙龙。沙龙的历史也较复杂，且在欧洲更为盛行。沙龙 (salon) 的说法最先出现在 1664 年的意大利，源自意大利语 salone，而这一词本身则来自豪宅会客厅的沙发的法语单词。到了十七世纪，法国聚会风气极盛，为了向客人展示自己的好客热情，并委婉表达出藏于心中的炫耀之情，法国人多在卧室、客厅等私人场所中举办聚会，并且流行与受过教育的达官显贵之间。

沙龙主人多为上流社会的女性，她们位高权重，极其富有。有钱是举办沙龙的经济基础和炫耀谈资，有权则是门庭若市、聚拢人气的不二法门。她们挑选想邀请的客人、制定礼仪规则和沙龙主题，以此彰显和巩固自己的社会地位，获得对她们有价值的信息，同时也让自己的儿女逐步进入社交名利场。沙龙主人中，最为著名的是朗布依埃侯爵夫人，距离巴黎卢浮宫不远的朗布依埃府就是她经常举行沙龙聚会的地方。朗布依埃侯爵夫人从 1607 年开始，不定期举行大大小小的聚会沙龙，直到 1665 年去世。她对聚会的热情可以用痴迷来形容，许多后来沿用的聚会规则都是她一手制定的。例如女主人倚在床或太妃椅上，其他友人则散坐在周围饮咖啡、聊天、品尝高级点心。除朗布依埃侯爵夫人外，还有乔芙兰夫人、唐森夫人、德芳侯爵夫人、兰伯特侯爵夫人等贵妇也十分热衷举办沙龙聚会。

到了十八世纪和十九世纪，沙龙逐渐风靡全欧洲，甚至是一些新世界国家（如阿根廷、新西兰等）。很多地区仿照巴黎式沙龙，在上流社会之间举办。英国的伊莉莎白·蒙塔古、因 1848 年革命而躲到伦敦的俄罗斯梅里男爵夫人、波兰的斯尼亚夫斯卡女公爵和玛丽利基塔·桑切斯，她们都对各国的社交文化产生了很重要的影响。

沙龙的鼎盛时代被称作"谈话时代"，作为重要的社交场合，沙龙聚会逐渐被赋予了功能性，很多学者都认为沙龙不只是名利场，同时也是信息交流的重要枢纽，促进了社会文化的发展和历史事件（如法国启蒙运动）的形成。沙龙也是现代社交礼仪的重要开端，其中的谈话内容被分为"礼貌谈话"和"非礼貌谈话"，也就是"该说"和"不该说"两种，例如政治话题就是典型的"非礼貌谈话"。

1	2
3	4

❶1755 年，乔芙兰夫人的沙龙场景。❷ 玛丽利基塔·桑切斯在布宜诺斯艾利斯的沙龙。❸❹ 十九世纪中期的一个俄罗斯沙龙。

摆脱寻常，
去外太空聚会又何妨？

李仲 | text & edit
Ricky | illustration

PARTY 1
太空飞船聚会

1961 年 4 月 12 日，苏联空军飞行员尤里·阿列克谢耶维奇·加加林搭乘"东方一号"宇宙飞船离开地球，从此人类前往太空已不再是梦想。2015 年年底，SPACE X 公司可回收火箭实验的成功，也让普通人去往太空的路更近了。一场在太空飞船里的聚会，想必只是时间早晚的问题。

无论在哪里办聚会，食物是永远的主角。和四十年前的宇航员格兰挤出的管状食物相比，现在的太空食物已经可口很多了。除了备用食品、应急食品和舱外活动食品之外，太空食物还分为即食、复水、热稳定、冷冻冷藏、辐射、自然型食品和复水饮料等种类。

1. 即食食品：可以直接食用的食物，以压缩成型的干燥食品为主。

2. 复水食品：复水是干燥的逆过程，让食物重新吸收水分，恢复原状。以米饭、面条和其他果蔬为主，在太空食品里占很大比重。

3. 热稳定食品：经过高温加热灭菌的罐头类食品。口感软硬适中，使用一般餐具在失重条件下可以顺利食用。

4. 冷冻冷藏食品：在地面上冻好后，进入太空中解冻食用。美中不足的是口感欠佳。

5. 辐射食品：用一定量的放射线照射来起到防腐保鲜效果的食品。

6. 自然型食品：没有经过任何加工处理的食物。如水果、蔬菜、果酱等，各种营养素未经破坏。

7. 复水饮料：以冲剂或软固体饮料为主，到太空后加水溶解，用吸管饮用。看来在太空上聚会，恐怕没办法畅饮。

树屋，英文中叫作 tree house。顾名思义，是建在树上的房屋，或是与树有关的建筑。

现代人每天在都市的"高楼森林"里穿梭，习惯了忙碌的生活。树屋本身以自然环境为依托，减少运营过程中对环境的污染。假期里，寻一处丛林深处的树屋与朋友聊天聚会，亲近自然，只是想想就觉得惬意。

虽然现在许多度假酒店或以 Airbnb（空中食宿）为主的旅行房屋租赁平台，都推出了树屋客房，但多位于东南亚、澳大利亚和南美洲等地区，国内这样亲近自然的好机会比较少见。如果想和朋友们举办一场惬意的树屋聚会，要提前准备好签证，预定好行程，对当地风俗和树屋的使用注意事项提前做好功课。

PARTY 3
热气球聚会

PARTY 2
树屋聚会

最先助力人们实现飞天梦想的不是飞机，而是热气球。热气球的诞生比飞机早了整整两百年。

在美国新墨西哥州阿尔伯克基市，从 1972 年开始，每年十月的第一个周末都会举办一场别开生面的热气球聚会，全美乃至全世界的热气球爱好者都会赶来参与这场盛会。

热气球的上升需要冷空气和平缓的宽阔地，阿尔伯克基从气候到地理环境，都能为热气球飞行提供最有利的条件。在 9 天时间里，每天都有 700 只热气球赶在日出之前升空。一条条彩色塑料布渐渐膨胀成一个个庞然大物，载着紧张而兴奋的人们升空、飘远。每升起一个热气球，地上的人们就会拍手欢呼，和热气球上的人一样兴奋。

PARTY 4
沙漠聚会

每到每年八月末至九月初的时候，美国内华达州的黑岩沙漠就会聚集一群浓妆艳抹、奇装异服的人，并且，他们还会带着各式各样的"战车"。如此兴师动众，原来是为了参加一场名为"Burning Man"的沙漠聚会。而参加这场聚会的人则被称作"Burner"。这场聚会自 1986 年就开始了，每次为期 8天。在这 8 天里，冰和咖啡是唯一售卖的食物，其他生活物品均需自带。聚会的高潮是众人围住一对约 12 米高的木质雕像，并将其点燃，冲天的火焰会令围观者激动欢呼。

这场聚会起源于一对离婚夫妇，他们为了埋葬逝去的感情，用木头做了两人的头像，放在旧金山的海滩上烧掉。后来遭到警察驱逐，便找到内华达州的黑岩沙漠作为燃烧场地，此后便渐渐发展成为一场人们释放自我的盛大聚会。

PARTY 5
丛林聚会

喜爱冒险的人，聚会当然要有些"野"劲儿。原始森林和丛林以其久远的历史、奇特的形态和珍稀的动植物种受到探险爱好者的青睐。像万年前的原始人一样，在原始丛林里举办聚会，想必是次新奇又好玩的体验。

野外，也是难得的烧烤圣地。出发前备一些食材（如土豆、玉米、培根、盐和黑胡椒等）、竹签、锡箔纸和户外专用烤炉，再依运气就地取材，就能办一场丰盛的野外 BBQ 聚会。

在丛林里办原始主题聚会，熟知野外生存之道是很重要的。

 ❶ 练习快速扎帐篷。

❷ 防范野生动物：随身携带防身器具很有必要。遇见兽类，先稳定情绪，如果正面面对兽类，不要突然移动，更不要主动发起攻击，尽可能不要上树。

> 对于蛇类，它们通常不会主动攻击人，除非你不小心攻击到它们或进入了它们的领地。遇见蛇时，一定要先轻轻退后，避免惊动它。如果被蛇追，尽量以 S 形路线逃跑，并找上坡路跑，蛇的转弯反应速度没有人类快，上坡时也比较缓慢，能为你争取时间。或者捡取结实的树枝连续攻击蛇的腹部，有一定概率将蛇打死。

> 为防止昆虫叮咬，应尽量穿长袖长裤衣物，并在皮肤上涂抹风油精、万金油等刺激性药物。

FEATURES
REGULARS

Let's
Have Tapas !

野孩子 | text & photo

Tapas 在西班牙语里是"盖子"的意思。这种料理风格起源自西班牙的安达路西亚，相传最早是因为这里的人喜欢聚集在户外用餐，喝酒时常常佐以各种下酒小菜，而葡萄酒的香气很容易招引蚊虫，他们就用面包或者杯垫盖在酒杯上阻挡蚊虫，并在上面放些下酒小点心，久而久之，这种下酒小菜就被称为 Tapas。

西班牙人热爱夜生活是出了名的，晚上七八点下班后，先去喝一杯，吃点 Tapas，而正式的晚餐要到十点以后才开始。可见最初 Tapas 并不是什么正式的食物，但随着全世界人的饮食习惯日益随意，享用 Tapas 的风潮逐渐蔓延开来，它不再单单作为佐酒小菜，而是被赋予了更多的可能性。

在上海，我最喜欢的一家餐厅，就是主打 Tapas。借由 Tapas 的相对轻松随意的料理风格，餐厅的菜单多变，菜品形式多样且富有创意，每次去都叫人充满惊喜，从不失望。我自己去时就坐在开放式厨房的吧台前，主厨看到我总会送上一份腌渍橄榄，这家餐厅的 Tapas 的分量一个人吃上三四道也不成问题，再点一杯好喝的鸡尾酒，工作的压力瞬间消失得无影无踪。而最棒的部分莫过于邀好朋友一起前往，点上一大桌菜与大家共享，再开瓶酒，舒服自在地说说笑笑，就是一个完美的聚会之夜。

如果邀朋友在家聚会，Tapas 也是很好的选择。以往请朋友来，总要想方设法地准备很多"硬菜"，往往要提前一到两天就开始准备。聚会当天从早上就要开始忙碌，到了晚上，将所有菜上完，作为主人兼厨师的自己不仅浑身油烟味，而且早已累瘫。而 Tapas 就能将这一切变得轻松无比，只需事先将橄榄、火腿、面包、奶酪等食物准备好，聚会大概已成功了一半，再加上一两扎清新的桑格利亚酒，这无疑就是一场完美的聚会了。

想要更高阶一点儿，还可以做一两道简单的海鲜料理，比如蒜香橄榄油大虾，或者吞拿鱼沙拉，做法简单，用时很短，让自己这个聚会的主人当得既轻松又体面。

无怪乎喜欢 Tapas 的人会说："Life without tapas, is like a heart without love.（生活中没有 Tapas，就像心中缺少爱意。）"对待食物的态度往往是人生态度的一种投射，之所以 Tapas 会在全球流行起来，大概就是我们都希望自己能活得更自由自在，哪怕仅仅从吃开始！

Recipe Tapas 初级版

苹果奶酪
开放式三明治

Time 10min ♡ Feed 2~3

这道 tapas 做法简单，水果和奶酪的种类都可以按照自己的喜好选择。酸甜多汁加上干酪的浓郁和面包的酥脆，口感层次多变，风味宜人，是葡萄酒的完美搭档，也是最好的聚会开胃菜。

食材 ◇◇◇◇◇

法棍	1/4 根
夏巴达面包	1/4 个
橄榄油	1 大勺
苹果	1 个
曼彻格干酪	50 克
（可替换成其他口味清淡的干酪）	
韭菜	少许
牙签	若干

做法 ◇◇◇◇◇

① 法棍和夏巴塔面包切片，苹果切薄片，均匀涂抹橄榄油，一起放入预热 200℃的烤箱内烘烤 5 分钟。

② 将苹果片铺在面包片上，再各自摆上一块干酪，用牙签串起，装盘，撒少许韭菜碎即可。

Recipe Tapas 进阶版

蒜香橄榄油大虾

Time 15min ♥ Feed 2

热乎乎的橄榄油大虾多汁而有弹性，搭配烤到恰到好处的面包，带来非凡的满足感！

做法 ◇◇◇◇◇

① 烤箱预热到 200℃，大蒜、欧芹切碎。

② 铸铁锅（或者其他能直接进烤箱的锅具）用中高火加热，然后放入橄榄油和大蒜，大蒜开始变成褐色时，加入红椒粉搅拌均匀。

③ 加入虾仁（虾要平铺在锅中，浸没在橄榄油里），然后撒入盐和黑胡椒粉，关火。

④ 将铸铁锅移入烤箱中，烤 2~3 分钟，此时虾肉变得不透明并呈现粉红色。

⑤ 取出铸铁锅，撒少许欧芹碎即可。

食材 ◇◇◇◇◇

橄榄油	80 毫升
大蒜	50 克
（独头大蒜最佳）	
红椒粉	1 小勺
（烟熏最佳）	
虾仁	450 克
盐和黑胡椒粉	适量
欧芹	少许

冬日里，
小聚来取暖

Kakeru | text & photo
Dora | edit

冬日里取暖的方式有很多，空调、暖气、电烤炉、壁炉、篝火……但什么都比不上一场和好友或家人的聚会，所得来的发自内心的温暖。动辄数十人的聚会倒是没有必要，劳心劳力，反倒是邀请四五六人来家中开个小聚会，省事且更有凝聚力。适合在冬天里开的聚会主题也很多，中式的如火锅主题、饺子主题，西式的如烤肉主题、炖菜主题，还可以偶尔来场东南亚风情的冬阴功汤主题，总之，能将家里弄得热气腾腾的主题便好。

但无论是何种主题，小食和饮品都少不了。所以，这次就分享一道我常做的聚会小食，和一款很适合女生冬日小聚的可爱饮品。

 ♥ 这款聚会小食组合了我最喜欢的几种元素：虾、酸奶油和牛油果，很适合在朋友间的小聚会中食用，口感不会油腻，拿取方便，吃完后也会有饱腹感，卖相自然也不差。

一口鲜虾花朵盏

Time 30min ♥ **Feed 6**

食材 ◇◇◇◇◇

软饼	1 包
鲜虾	6 只或更多
牛油果	1 个
小番茄	200 克
青柠檬	1 个
酸奶油	3 大匙
盐	1 小匙
辣椒粉	2 小匙
黑胡椒粉	适量
混合香草	适量
百里香	适量

做法 ◇◇◇◇◇

① 将软饼用 12 厘米的模具切成圆形，放入烘烤容器中备用。② 将鲜虾去壳、去头、去虾线。保留虾尾的壳以确保烤完后虾的造型完整。同时，在另一个烤盘中铺上油纸备用。③ 将虾与半小匙盐、辣椒粉以及半个青柠的皮屑和汁混合均匀。将虾放入提前预热到 190℃的烤箱中烤 5 分钟，之后翻面（如果虾大小适中的话也可以不翻）。

④ 将牛油果和小番茄切块，加入半小匙的盐以及另外半个青柠的皮屑和汁，再撒入适量黑胡椒粉和混合香草，搅拌均匀后备用。

⑤ 将酸奶油搅打至顺滑备用（喜欢吃辣的，可以适当加入辣椒粉和黑胡椒粉）。

⑥ 将虾烤熟后取出，用余温将软饼烘烤 5 分钟，以产生脆脆的口感（可以用瓶子压一压饼皮，使其更贴合模具）。

⑦ 最后，从烤箱中取出，进行拼装，在底部先舀入一勺牛油果番茄沙拉，接着舀一小勺酸奶油，再放上烘烤后的辣柠檬虾，最后点缀上百里香，完工！

冬日凤梨芒果蜜桃特饮

Time 20min ♥ **Feed 4**

食材 ◇◇◇◇◇

牛奶凤梨 ·············	1 个
芒果 ···············	1 个
青柠 ···············	1 个
蜜桃糖浆 ············	2 大匙
气泡水 ·············	2 瓶
白朗姆酒 ············	30 毫升

Tips: 蜜桃糖浆可以自己用桃子熬制，也可以购买现成的糖浆，或者用桃子味道的果茶来调制。

做法 ◇◇◇◇◇

① 准备好所有食材，将凤梨去皮并削成七边形，芒果切成小块；青柠挤汁备用。

② 把凤梨片、芒果块放入容器中，倒入适量蜜桃糖浆、柠檬汁、朗姆酒，搅拌均匀，即可饮用。（我使用的气泡水已事先冷藏过夜，也可以制作好之后再放入冰箱冷藏。）

香草烤羊排

椿荣 | text & photo
张婷婷 | edit

笑声、交谈、爱和分享，是组成小聚会的关键词。对我来说，小聚会是一种重要的生活方式，因为有这样的时光存在，我们可以更加深入地了解朋友，并参与他们的生活。

提及聚会，很多人会觉得头疼，因为第一感觉就是需要很充足的准备，比如大量的食材采购以及食物制作……但是多数情况下，丰盛的食物并没有带来理想的结果——剩菜太多并且需要花费时间收拾清理。

其实我们可以尽可能简单地来准备小聚会，不管是食物还是装饰，我认为精致、用心才是最重要的，所以这次我准备做一道四人份的聚会主菜。当然如果你的聚会人数多于四人，你可以按照实际情况将食材成倍增加。这道菜的分量和颜值都很高，一个小聚会甚至可以只准备这一道主菜。如此便省去了很多麻烦，客人也会吃得尽兴。

另外家庭聚会的话，建议主菜上来之前吃一点发酵面包，同家人或者朋友先小酌一番。

椿荣的聚会主菜
香草烤羊排

Time 40min ♥ Feed 4

食材 ◇◇◇◇◇

小羊排	9 根（约 600 克）
盐、黑胡椒粉	适量（调味）
第戎芥末	适量

配菜 ◇◇◇◇◇

自选蔬菜、蘑菇	适量
盐、黑胡椒粉	适量（调味）

香草混合酱 ◇◇◇◇◇

泰国圣罗勒	7 枝（使用叶子部分）
迷迭香	5 枝（使用叶子部分）
帕玛森干酪（磨碎）	45 克
橄榄油	45 毫升
盐	5 克
黑胡椒粉	5 克
面包糠	60 克

酱汁 ◇◇◇◇◇

新鲜橘汁	45 毫升
醋	30 毫升
橄榄油	15 毫升
第戎芥末	10 克
橘皮屑	5 克
蜂蜜	25 毫升

做法 ◇◇◇◇◇

① 适量盐和黑胡椒粉均匀涂抹在小羊排上，平底锅烧热，高温情况下，将羊排两面煎约 3 分钟至周边上色。这一步是为了锁住羊排中的肉汁。

② 将泰国圣罗勒、迷迭香、帕玛森干酪碎、橄榄油、面包糠混合拌匀，加入适量盐和黑胡椒粉调味。这一步需要注意，拌匀后的混合酱应是干燥状态，可以适当添加面包糠调节湿度。

③ 以 200℃预热烤箱，羊排烤约 8 分钟，取出后在羊肉表面均匀涂抹适量第戎芥末（避开骨头），最后裹蘸香草混合酱于羊排表面。这一步中的芥末主要起黏合作用，可以将香草混合酱牢牢裹在羊排表面。

④ 将羊排再次放入烤箱中，并添加自己喜欢的蔬菜和菌菇一同烤制（烤箱温度设为 200℃），撒少许盐和黑胡椒粉调味。根据个人对羊排熟度的喜好，在 10~15 分钟之间自由选择烤制时间，完成后将羊排于室温下放置约 10 分钟。

⑤ 将新鲜橘汁、醋、橄榄油、第戎芥末、橘皮屑、蜂蜜混合拌匀成酱汁，最后同蔬菜、羊排一同食用。

狗剩汤

张春 | text
Ladong | illustration

有一段时间，我和多比住在一所旧楼的8楼，没有电梯，曲曲拐拐的几栋楼排在半山上，累计要上8层楼才能到我家。那是我最需要多比的一段时间，也是我最对不起它的一段时间。

那时我仓皇离开家，只有自己身上的衣服、一根狗绳和多比。但运气不错，朋友刚租下这个房子又没法去住，我可以暂且住下了。也是在那时，我宅的本能全面爆发，只是下楼去丢趟垃圾，也会想家想到哭出来。

不敢想象如果没有多比那段日子会怎么样。每当我不得不再次醒来，并没有人在等着我醒来这件事发生。没有人在等我重新投入生活，没有人与我一起丈量今天的长度。没有人思念我，没有人为我醒来感到高兴。当时就是这样的感受：没有什么有意义的事，睁开眼睛都是多余的，更不用说吃饭散步打扫了。

那是冬天，格外孤独，一人一狗都要取暖。多比得以和我一起在床上睡。当时我的抑郁症病得比较重，全天都躺着，不吃不喝连躺几天的日子也有过好几次。多比就和我一起躺着。它实在憋不住了，就到阳台尿尿拉屎，然后再回到床上陪我躺着、趴着、待着。

幸好多比一直在身边。它非常真实，眼睛乌溜溜活生生的，它想去楼下走走，想冲着人喊，想伸懒腰，如果如愿就会笑，但现在却不得不和我一起在床上躺着，它就叹气。我躺在床上伸手就可以摸到它，它就把头拱到我的手心里，用冰凉的鼻子顶几下，然后闭上眼睛，叹息一声。那是我用手就能摸到的，活着的气息。

狗在床上睡当然有坏处，它多少总有些脏。但也有好处，就是每当我又醒来，并不是全然没有意义。住在那个要爬8层楼的房子里，快递外卖都不肯来，为了吃饭，我们不得不下楼。狗粮它是不吃的，饿上两整天才会吃十几颗，饿得皮包骨头。总不能这样把狗活活饿毙，为了它，通常我会挣扎着每天下一次楼，就算没做到，也没超过四天。到了楼下，我自己吃一份盒饭，给多比买四个鸡腿，这就是它一天的口粮。幸亏如此，如果它愿意吃那种袋装的狗粮，我可能还会少吃很多饭。

但是，终于有一天，它突然一边咳嗽一边蜷起来吐，吐出黄色的泡沫，一碰就不住地凄厉尖叫。我可不能眼睁睁地让它死啊！再废再废，也要爬起来带它去看医生啊！

医生说，可能是鸡腿骨头又尖又硬，卡在食道的哪处了。运气好的话能拉出去，运气不好就要开刀。我没看到多比拉出去的骨头，但两天后它又好了起来，不吐了，鸡腿却不能再吃。

我都不吃饭，却要带狗去吃饭。我饿死也不会做饭的，却要给狗做饭了。那个房子没有任何炊具，我买了个高压锅，一次买十几斤排骨，分成几袋。每次丢一袋，加些冷水，高压锅定好时间，它就自动炖好了。多比吃肉，我喝汤。如果我能下楼，就买些芹菜西红柿山药一起炖，这样，我的狗剩汤里就会有些别的东西。如果碰到我胃口好的日子，也会吃一点肉。非常好的时候，等开锅了我还会下个方便面的面饼进锅。一段

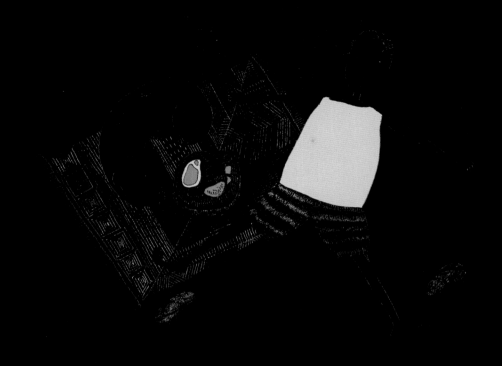

时间以后它又不爱吃了，我怀疑是因为肉腥。为了改良肉的味道，我只好加入焯血水的工序，并且放了生姜片提香，多比又爱吃了。你是一只狗哇，怎么嘴这么刁呢？

多比改吃排骨以后再也没有吐，又过了些日子，夏天来了。我已经好了不少，可以去菜市场买只活鸡，请人帮我宰好。多比吃鸡肉，我喝汤，吃鸡腿，吃鸡汤里的菇，再洗点上海青下去烫烫，我们的伙食又变好了些。

有一天天气非常热，我把房间里的两个空调都打开，在里面慢慢打扫和整理。洗衣机下面一直发出吭哧吭哧的声响，那天我搬开看，里面有无数根多比没啃完的骨头，是老鼠藏的。我把那些骨头扫掉，地板桌面都擦干净，扔掉十几袋垃圾，在整个屋子里洒遍消毒水，墙角贴满蟑螂药。最后找来墙纸，把发黄发黑的墙壁贴成明黄色，房间终于像是个人住的地方了。满鼻子的消毒水味儿和明亮的颜色，像是从黑屋子里拉开一线窗帘，发现外面竟然是晴天呢。再后来，我的朋友阿绿为我找来许多漂亮的植物，我又添置了画具开始画它们。那些画后来被用在我的书《一生里的某一刻》里做插图和封面。重建的生活，也许是从狗剩汤开始的。我并不是一个人，不能不想活了就去死。幸好有多比在我身边啊。

那场打扫过后来了一场台风。一夜风停，阳台上都是积水和树叶，还有不知道哪里吹来的泡沫垃圾。我和多比站在门边看着凌乱的阳台，庆幸着前一天扫净了阳台上的狗屎和狗尿。不然，房子就会泡成一锅狗屎汤了。

FIND ME 零售名录

❶ 网 站

亚马逊
当当网 ／ 京东 ／ 文轩网
博库网

❷ 淘 宝／天 猫

中信出版社官方旗舰店
博文图书专营店
墨轩文阁图书专营店
唐人图书专营店 ／ 新经典一力图书专营店
新视角图书专营店 ／ 新华文轩网络书店

❸ 北 京

三联书店
Page One 书店 ／ 单向空间 ／ 时尚廊
字里行间 ／ 中信书店 ／ 万圣书园
王府井书店 ／ 西单图书大厦
中关村图书大厦 ／ 亚运村图书大厦

❹ 上 海

上海书城福州路店
上海书城五角场店
上海书城东方店 ／ 上海书城长宁店
上海新华连锁书店港汇店
季风书园上海图书馆店
"物心" K11 店（新天地店）
MUJI BOOKS 上海店

❺ 广 州

广州方所书店
广东联合书店 ／ 广州购书中心
广东学而优书店
新华书店北京路店

❻ 深 圳

深圳西西弗书店
深圳中心书城 ／ 深圳罗湖书城
深圳南山书城

❼ 江 苏

苏州诚品书店
南京大众书局 ／ 南京先锋书店
南京市新华书店 ／ 凤凰国际书城

❽ 浙 江

杭州晓风书屋
杭州庆春路购书中心 ／ 杭州解放路购书中心
宁波市新华书店

❾ 河 南

三联书店郑州分销店
郑州市新华书店
郑州市图书城五环书店
郑州市英典文化书社

❿ 广 西

南宁西西弗书店
南宁书城新华大厦
南宁新华书店五象书城
南宁西西弗书店

⓫ 福 建

厦门外图书城
福州安泰书城

⓬ 山 东

青岛书城
济南泉城新华书店

⓭ 山 西

山西尔雅书店
山西新华现代连锁有限公司图书大厦

⓮ 湖 北

武汉光谷书城
文华书城汉街店

⓯ 湖 南

长沙弘道书店

⓰ 天 津

天津图书大厦

⓱ 安 徽

安徽图书城

⓲ 东 北 地 区

大连市新华购书中心
沈阳市新华购书中心
长春市联合图书城 ／ 新华书店北方图书城
长春市学人书店 ／ 长春市新华书店
哈尔滨学府书店 ／ 哈尔滨中央书店
黑龙江省新华书城

⓳ 江 西

南昌青苑书店

⓴ 香 港

香港绿野仙踪书店

㉑ 云 贵 川 渝

成都方所书店
贵州西西弗书店 ／ 重庆西西弗书店
成都西西弗书店 ／ 文轩成都购书中心
文轩西南书城重庆书城 ／ 重庆精典书店
云南新华大厦 ／ 云南昆明书城
云南昆明新知图书百汇店

6

食帖 🍴 *WithEating*
www.witheating.com

猫山狗海

SUPPLEMENT

The days that with you is the happiest day of my life.

是谁选择了谁，已没那么重要

陈晗 | interview & text
程潇、王焱、张婷婷 | photo courtesy

"过去老听人家讲，猫会找主人，当时像听笑话一样。和这么多猫相遇后才发现，真的是它们选择的你。"

程潇网名"潇潇猫"，看这名字就知道，她爱猫如痴。十多年来，她和搭档王老师一起创立"午夜阳光"平面设计工作室，现在又一起开了间"猫杂货铺"。两人各自家中和工作室的猫一共 14 只，程潇家里还有一只领养的流浪狗。

如果你见过程潇，会觉得她像一部充满奇妙冲突的电影。观看过程中时常令你惊叹讶异，看着看着却又觉得所有冲突都莫名地和谐。她养猫、下厨、会友、写字、搞创意、做设计、爱文身、喜黑衣。坚硬与柔软的部分并存，独行侠和暖厨娘的影子交映。她一个人能完成所有事，也知道时而依赖他人的重要性。她说喜欢猫的灵敏、聪明、善于观察，还有若即若离、含而不露的距离感……这不就是她自己？

王老师恰好相反，又不完全相反。他是画家、设计师，十几年前，程潇因欣赏他的才华，主动邀请他合伙创立工作室。用王老师的话说："我就是只被收养的'猫'。"而有过无数收养经验的程潇则说："这其实是双方的选择。"王老师是处女座，独居，他的住所里东西繁多却异常有序，养的三只猫各具姿色，无不展示着他对身边所有存在的美学追求。和程潇不同的是，王老师更喜欢憨憨傻傻、反应慢吞吞的动物，比如树懒。他从这些反应缓慢、脸上总是也无风雨也无晴的动物身上，看到的是隐晦的幽默感。程潇说："人们喜欢的动物往往反射的是自己。"王老师点头默认。那他为什么养猫呢？这便是他和程潇相似的地方：都着迷于猫的独立与距离感。

和十几只猫与一只狗的多年相处，教会了他们许多事。比如不强求，遇见一只无主的猫时，不会因一腔"怜爱之情"将其带回家，而是观察彼此是否真的需要对方，是否真的存在牵绊。又比如包容，每只动物都有它的性格，跟人一样。每天和它们共处一室，首先要做的便是接纳如此多的不同，在观察研究它们的脾性与行为模式的过程中，摸索出与每只动物相处的最佳方式。

但对程潇来说，猫给她上的最重要的一课，是教她如何面对死亡。对待生命中有缘相遇的猫、狗、物品与人，程潇总是有源源不断的爱可以给予和分享。这些爱令她强大，也予她软肋，"死亡比爱更尖锐，面对死亡要更考验一个人。"程潇说。

她曾经会因猫的出走哭到昏天黑地，更别提面对和承受父母的离去，简直想都不敢想。"是猫锻炼了我。每次和爱猫告别，都让我更明白死亡是怎么一回事。现在我会相信这种说法：它离开你，是去它自己的星球了。也许它在那边也过得不错，也许它在那儿发生了一些改变后，又会以新的形态回到你身边。这么想着，就觉得死亡也没那么可怕了。"

PROFILE

程潇
网名"潇潇猫"，做过编辑和自由撰稿人，现为午夜阳光平面设计工作室合伙人，同时经营一间"猫杂货铺"。著有《猫大事冇大事》一书。

PROFILE

王焱
曾为《三联生活周刊》"生活圆桌"栏目创作插画多年，现为午夜阳光平面设计工作室合伙人。

食帖 × 潇潇猫 × 王焱

食帖 ※ 你和王老师家中的猫和狗都是收养的？

潇潇猫： 对，现在这 14 只猫和一只狗都是收养的，年龄最大的是我家的面条和芒果，还有王老师家的点点，都是 15 岁左右。

王老师： 点点是童颜，15 岁了小脸还是很好看。她家面条也特别漂亮，我们都叫它冠军猫，虎斑鱼刺纹，十多年来没洗过澡，全靠它自己打理，非常爱干净且自律，皮毛总是油亮油亮地，小爪子雪白如洗。我家还有一只暹罗猫 Mia 和一只身上有豹点的猫抱抱。收养它们时，主要是被外表吸引，她（潇潇）对猫是真爱，我其实是形式主义、机会主义、自私……说不下去了（笑）。

潇潇猫： 过去老听人家讲，猫会找主人，觉得像个笑话一样。和这么多猫相遇后你才发现，真的是它们选择的你。跟狗不一样，猫的小心思特别细腻。进家门之前，对你千依百顺，卖萌撒娇楚楚可怜，进门之后，待它觉得在这个家地位稳固了，本性就开始暴露无遗。比如黄二豆，它还是只小小猫的时候，它妈妈就把它叼到我家院子里，一看，是得了眼病。于是每天给它滴眼药水，一天天过去，小猫眼睛亮起来了，很快又被它妈妈叼了回去。它们母子还是常来我家院子里玩，那只母猫身体不好，很怕人，每次我想带它去看病都捉不住它，后来它死在了我家院子里。剩下黄二豆，对我总是格外亲昵，房前屋后地围着我转，让你觉得自己和它的关系非常特别，便把它领回了家。进家门之后呢，它就再也不理我了。这种事我已经历过太多次，屡次上当（笑）。

食帖 ※ 有没有进家门前后表现比较一致的猫？

潇潇猫： 面条算是，它和我一直很亲近，对外人也一向很"高冷"。它不会耍什么坏心眼儿，只是自我保护欲特别强。就像人类中那种内向、不热衷社交，只有一两个挚友的人。面条曾经有个挚友叫豆豆，它只和豆豆玩。豆豆去世后，面条也没再和其他猫做朋友，一直孤孤单单地，只与我亲近，跟其他猫或人都保持一定距离。相处久了你会发现，猫有狗啊，都和人一样有着各种性格，只是可能不像人那么坏。猫有时还很像小孩子，你对它越百般呵护宠爱，它越恃宠而骄。

王老师： 我家这三只比较让人省心，因为我白天几乎不在家，对它们近乎放养，它们就自己玩，自己照顾自己。这也是我喜欢它们的地方。

食帖 ※ 你们都经历过与心爱动物的别离，各自是如何面对的？

潇潇猫： 以前在杂志社工作时，有次我接了个电话，突然就开始号啕大哭，同事们吓一跳，纷纷围过来问我是不是家里出事了，我边哭边说"我的猫跑了"，大家立刻散去。回家后我又哭了三天才缓过来。过去面对猫的离去时，我都会哭得撕心裂肺。

但随着年纪增长，和跟猫相处久了，看待死亡的方式好像变了。包括面对父母的离去，过去完全无法想象自己该如何面对这一刻，想到就怕。但这个时刻还是来临了，幸而猫给了我一些锻炼。我开始明白死亡是怎么一回事了，不再觉得它很可怕。现在我相信这种说法：猫离开你，也许是去了它自己的星球，也许在那里发生了一些改变后，又会以另一种样子回来。比如有只大白猫走了，一年后家里又来了一只白猫，跟之前那只处处相似，你也会感觉欣慰。

在网上也有一些网友问我，猫走了，很难过，怎么办。我就将自己的想法分享给他们，在和他们交流的过程中，彼此对待死亡的态度都愈发坦然。因为这种探讨而结成的友谊，也是意外收获。

而王老师不一样。他在情绪上有一扇门，不开心的情绪一涌上来，他马上把它们关在门外。也许跟他"树懒"的性格也有关系，什么情绪都反应得比较迟钝、缓慢，当一种情绪袭来，我分分钟就被击中，他则可能需要多一些时间慢慢感知，在感受的过程中，情绪的浓度也被消解了。这种自我保护机制其实很好，能让你活得更轻松。

王老师：这种反应也可以说是"逃避"。但我的生活信条是"快乐"，更愿意将时间、精力花费在令我快乐的事情上。我自己快乐了，也会影响到别人。所以我尽量不让自己沉浸在消极情绪里，而是尽快向前走，去寻找快乐。这也是我喜欢动物的原因，你看猫，它从来不在别人面前表露脆弱。当它生病或即将死去时，都会默默地躲起来。因为动物界弱肉强食，在其他动物面前展露脆弱是很危险的事。我自己也是这种人，尽量不给别人添麻烦，别人也不来烦我（笑）。

1	2
3	4

❶ 潇潇猫家门前的流浪猫。平时她也会照顾它们，但她不是特别赞同无节制地收养猫，也要审视那只猫是否需要被收养，是否需要了。
❷ 狗叫乖乖，的确很乖，一进门它就安静地在你身边绕，你坐下了它就在你身旁趴下，不吵不闹。你抚摸它，它就索性往地上一倒，四脚朝天，眼睛一闭，动也不动地作享受状。❸—❹ 家里的猫不能随便出门，除了黄二豆。它原本就生活在这个小区，对地形很熟悉。偶尔晚上放它出去玩，第二天早上它会自己回来。

食帖 ※ 你们不只爱猫，也喜欢其他动物对吗？

潇潇猫：对，喜欢很多动物，你看我们收藏的这些东西：鹿、熊、兔子、鸟、鱼……各种动物都有。我从小就特别喜欢动物，有部分是受我哥的影响，他什么都养，天上飞的地上跑的。父母也很包容，不曾限制我们。其实我也很感激我的先生猫爸，他是严谨认真的"正经人"，却一直包容我自由散漫的生活方式，比如收养这么多流浪猫。尤其是聋子猫小笼，总在家里乱尿，时常还尿在床上。猫爸虽不太管猫吃喝拉撒睡之类的小事，但在好几只猫病危之际，是他果断拎上笼子开车去了宠物医院，才救下来的。

1	2
	3
4	6
5	

❶-❷ 年糕是家里最有地位的猫，13 岁，自有威严，别的猫做坏事时它会去教训。❸-❺ 虾米是很亲人和听话的猫，一岁多，陌生人来了它都要来看看。而且它从来不把自己当猫，你能干的它也觉得自己都能干。❻ 潇潇猫和王老师平日里都喜欢观察猫，观察它们的关系与情感表达。

王老师：我喜欢长相憨厚、圆乎乎的，看着智力不是很高的动物，比如法国斗牛犬、松狮狗，还有树懒。小时候总去动物园写生，几乎每周都去，那时特别喜欢的动物就是树懒。人生中第一次投稿的小文章也是关于树懒，发表在报纸上，赚了六元钱。后来还做过一本关爱动物的幽默画册，里面画了 100 个动物的小幽默画。

潇潇猫：第一次看到他画的那本关爱动物画册时，就想一定要和这个人合作。有个测试说，人喜欢一个动物的理由，是因为看到了自我，或者理想中的自我。王老师就像他喜欢的动物一样，慢热，不是很外露，有隐晦的喜剧化的一面。

我更喜欢猫的独立、机敏，它们生存能力强，会审时度势，还带点好玩的坏。能自己玩，也能跟它一起玩。并且，永远占据主动。还有那种含而不露、爱你在心口难开的距离感，虽有千娇百媚，却不会四处卖萌，它的亲昵只体现于私密的情感关系里，而非对所有人展现，这一点也很迷人。相比起来，狗太热情。

食帖 ※ 你们也痴迷收藏跟动物有关的物件，还开了间"猫杂货铺"，出售一部分收来的爱物。但说实话，遇见喜欢的孤品时舍得分享吗？

王老师：当然是自己留下（笑）。

潇潇猫：有个朋友就说："你们其实是在将你们不是那么喜欢的东西，送到更喜欢它们的人的手里。"猫杂货铺刚开业那几天我们有点晕乎乎地，一时冲动把几件特别喜欢的东西卖了，后来真的又去跟人家把东西要了回来。

❶ "爱猫、爱生活、爱艺术"是潇潇猫和王老师共同的信念。

❷ 潇潇猫喜欢每次聚会时尝试一些新菜，而且会在找到的食谱上再加一点创新，不会完全照搬。

1	2
3	4
	5
6	7
	8

❶ 总是自己清理毛发的面条。❷14只猫的名字则多跟食物有关，面条、黄二豆、年糕、虾米、饼干、小笼、白果、芒果、菠萝……它们各有各的小性子，和温柔安静的乖乖完全不同。❸—❺ 王老师在家时，身上有豹点的抱抱喜欢他陪它玩，不陪它就捣乱。暹罗猫Mia则喜欢待在王老师的肩上。大黑猫点点年纪最大，但仍旧漂亮。❻ 潇潇猫和王老师都热衷收集有关动物的物件。有些是从国外淘回的古董宝贝，有些是国内外年轻艺术家的作品。❼ 潇潇猫家二楼的书房和卧房，仔细看的话，到处都是猫的身影。❽ 从二楼看下去，庭院里和室内仿若两个世界，唯一的连接是猫。

食帖 ※ 遇到喜欢的物品时是什么心情?

王老师:看到心动的东西时,看一眼就不敢看了,就知道自己会很喜欢,那种心情是既兴奋又有点慌。

潇潇猫:有个做古董家具的朋友说过一句话:"人能有幸在这世界上活着,要多触摸可爱、美丽的东西。"他认为美好的东西,其实都是特别古旧的,并非光芒四射,只有懂的人才以为美。对我们来说也是一样,只想在有生之年尽可能多触碰美的东西,它们在别人眼中可能并不美,但会令我们自己心动。不过收的东西太多,有些难免被冷落在角落里蒙尘。我们就想,不如送到更珍爱它们的人手里。

食帖 ※ 家中到处摆满爱物,不怕被猫破坏?

潇潇猫:其实猫的身手特别敏捷,只要它不想,就不会搞出什么破坏,那些"破坏"都是故意的。我家之所以能"幸免于难",可能反倒是因东西特别多。就像你头上有一两根白发时你会拔掉,但如果满头白发,就没心思拔了。猫在我们家可能就是这种感觉,铺天盖地的东西让它们无处下脚,相较之下自己才像是空间里的障碍物。还有个原因,家里猫多,彼此之间就是玩伴,不需要再去跟物品玩。当然,比较珍贵的物件还是会尽量收好,以防万一。

食帖 ※ 你家的晚餐总是很热闹,一大桌子菜都由你一手操办,对下厨的热情也是天生的吗?

潇潇猫:对,小时候选玩具时,我姐选了一套听诊器玩具,我选了一套迷你厨具,从那时起就发现自己对做饭的兴趣了。通过做饭也交到了不少朋友,比如王老师,第一次去找他合作一本书时,他的反馈不太积极。我有点没辙,就跟他瞎聊,问他是哪的人,他说是南昌人。我就说我知道一家江西菜馆,那儿的藜蒿炒腊肉特别好,他眼睛立马亮了。我乘胜追击:"等咱们做完这本书,我就请你去吃藜蒿炒腊肉",他立刻答应,马上开工。

我们家人都特别重视"一起吃饭"这件事,基本上每个周末都会家族聚餐。朋友们也特别爱来我家聚,所以餐桌上总是满满的人,有次晚饭是8个人吃,阿姨还说"今天人这么少啊"。

食帖 ※ 每次聚会,通常会提前多久开始准备?

潇潇猫:通常会提前一天,白天去采买,晚上就开始准备比较花时间的"硬菜",比如红酒炖牛肉或其他炖肉类,先提前炖到差不多的程度。第二天聚会约定时间之前,一定将基本的备菜完成,确保客人到来后我只需要简单炒炒,将炖好的菜加热一下就能上桌,自己不用一直扎在厨房里,而忽视了和朋友们的交流。

食帖 ※ 王老师作为聚会上的固定成员,能否对你们的聚会以及潇潇的厨艺说些感想?

王老师:我们的聚会永远不愁没话题,大家聊个不停,有时凌晨两三点都还不愿意走,餐桌气氛特别好。这些都是因为她安排得好,酒和音乐是不会断的,总有食物端上桌。她很会调配,比如食物方面,一桌菜可能包含多种风格,无论什么口味的人都能找到喜欢的,且时常创新。十多年了,几乎每顿饭我都在她这里吃,每一次都有惊喜。她做饭还有一个特点:快。每次你一说饿,她马上去厨房,眨眼工夫就端上来一碗面、一两个炒菜、一罐啤酒。不只是食物,在邀请客人方面她也非常用心,会注意邀请兴趣相合的人来。

潇潇猫:大家享受在我家聚会,可能也是因为这个空间有很多好玩的小玩意,有猫,有花园。客人们来了,有些会去研究那些摆件,有些爱跟猫玩,有些人喜欢待在花园聊天,每个人都能找到让自己舒服的方式。

1	2
3	4
	5
6	7

❶ 王老师家中的书房，Mia 很喜欢在这里的地毯上打滚。❷ 潇潇猫家的一楼客厅。❸ 王老师画的自己和 Mia。❹~❺ 潇潇猫的厨房，食器、摆件的主题都离不开"猫"。❼ 二人喜欢的东西越收越多，家中已摆不下，索性合开了一间"猫杂货铺"，将这些物品送到更喜欢它们的人手中。

潇潇猫的聚会拿手菜
羊肚菌笋衣烧肉

Time 3h ♥ Feed 4

食材 ◇◇◇◇

干羊肚菌	100 克
笋衣	100 克
五花肉	300 克
小肋排	300 克
姜片、冰糖、香葱碎	适量
黄酒、醋、生抽、老抽	适量

做法 ◇◇◇◇

❶ 将羊肚菌和笋衣分别泡软，五花肉和肋排放入沸水中，加姜片和黄酒，焯水，捞出备用。

❷ 铸铁锅放少许油，下姜片、冰糖略炒，下焯好的肉和排骨一起翻炒至焦黄，加一点醋，盖上锅盖，让醋香进入肉中，去除肉的腥气却不会有酸味。

❸ 再加较多的黄酒和适量的生抽、老抽，继续翻炒，随后加入羊肚菌和笋衣，并加入泡羊肚菌的汤，小火炖约两个小时，转大火收汁，撒些许香葱碎后出锅即可。

$\dfrac{2}{3}$ | ❶ 甜点、咖啡不知不觉地就出现在面前，空杯子不知不觉间就被倒满，不愧是资深聚会女主人。❸ 潇潇猫手绘的家宴菜单。

Tips: 这道菜潇潇猫是选用五花肉和小排骨一起做，起初是为了照顾不吃肥肉的人，结果意外地发现这样做非常好吃。五花肉和排骨炖在一起，既不过分油腻，又有足够的油来滋润羊肚菌和笋。而羊肚菌和笋衣一个软糯，一个筋道，也令整道菜口感层次更加丰富。

爱猫，
先要识猫

赵圣 | text
Ricky | illustration

猫のマニュアル

世界上的猫咪种类繁多，但最眼熟或容易认出的却只有几种。这一次我们总结了几种常见猫咪品种的"辨识说明书"，或许可以帮助你在看猫识名的道路上走得更远。

暹罗猫

01

● **原产地**

暹罗猫（Siamese）原产于泰国，在 200 多年前，这种猫只生活在泰国的王宫和寺院中，称得上是"猫中贵族"。

● **发展**

生活在宫廷里的暹罗猫，享受着如同王子、公主般的待遇。人们将它们打扮得珠光宝气，一日三餐都由专门的厨娘负责。即使经济不景气，对暹罗猫的待遇也丝毫没有改变。

● **特征**

暹罗猫的头部呈三角形，面颊底部骨骼平滑，整个面部十分对称。它们的耳朵大而灵敏，末端较尖，眼睛呈杏状。1885 年，暹罗猫于伦敦郊外的水晶宫展会上亮相并引起轰动。1920 年时被引入美国，而后世界各地都有了它们的身影。

波斯猫

02

● 原产地

波斯猫 (Persian) 是最常见的长毛猫品种，有"猫中王子"之称。它是以阿富汗的土种长毛猫和土耳其的安哥拉长毛猫为基础，经过 100 多年的选种繁殖而出现的品种，是世界上最受欢迎的纯种猫之一。

● 发展

自维多利亚时代以来，波斯猫便广受人们关注。它们健壮有力，聪明敏捷，性情温文尔雅，脸圆、眼大、鼻扁、腿粗短的特征也十分讨喜。

● 特征

波斯猫的毛色大致可分为五大类，其中包括单色系（白、黑、蓝、红等）、金吉拉色系、鼠灰色系、渐变银色系、渐变金色系等。

美 国
短 毛 猫

03

● 原产地

从名字就可以看出，美国短毛猫（America Shorthair）原产自美国，其祖先是早期欧洲移民带去北美洲的猫品种。

● 特征

美国短毛猫是短毛猫类中的大型品种，它们体格健壮、精力充沛、活泼好动、易于驯服。美国短毛猫仅被权威机构 CFA（The Cat Fanciers' Association，国际爱猫联合会）认证的毛色，就多达 80 余种，远超过同一类型的英国短毛猫。

英 国
短 毛 猫

04

● 原产地

英国短毛猫也是一种蓝猫，相传这种短毛猫（Felinae）的祖先是罗马军猫。在罗马军队入侵英国失败后，一群保管粮食的猫却意外地生存下来，而后经过配种，才衍变成为今天的英国短毛猫。

● 特征

英国短毛猫体型微胖，四肢短小粗壮，对人友善，极易饲养，完全发育成熟需要3~5年时间。

斯芬克斯
无毛猫

05

● 原产地

斯芬克斯（Sphynx）又被叫作加拿大无毛猫，生活在寒冷地区，是猫咪家族中较为特殊的一类。如果仔细观察会发现，它们的体表有一层短小的绒毛。相传是在19世纪70年代，两只分别出生于明尼苏达和多伦多的基因突变的"无毛猫"，经过繁育，后代均变成了毛发不明显的品种。

● 特征

斯芬克斯无毛猫皮肤褶皱，头部呈三角形，眼睛明显突出，间距较宽。因为和古埃及的狮身人面像重名，面相微凶，很多人觉得它们不好相处，实际上，斯芬克斯对人类十分友好。

布偶猫

06

● 原产地

布偶猫（Ragdoll）诞生于 20 世纪 60 年代的美国，是猫类中体型较大的品种，需要三年时间才会完全长大，雌性体重可达 7 公斤。最初的布偶猫，是通过自然交配孕育诞生的：由一只带有波斯和安哥拉血统的母猫，与带有伯曼或缅因血统的公猫繁育产仔，而后经过人工培育，将特点鲜明化，逐渐成为现在的模样。

● 特征

布偶猫头部呈圆方形，四肢前端多为深色，眼睛为湖蓝色，对环境适应度高，性格温顺，对人类友善，十分黏人。

● 原产地

从外表上看，来自美国的缅因库恩猫（MaineCoon）就像野兽一样，但其实它们性格很温顺，有"温柔的巨人"之称。缅因猫因其聪颖、机灵、活泼主动的性格特点，被公认为最容易训练的猫种。

● 特征

缅因猫比较安静，很少会大吵大闹，且叫声非常有趣。缅因猫很少单独进食，对它们来说，饭桌上的人越多，或者说猫越多，它们的胃口就越好。

俄罗斯蓝猫

08

● 原产地

俄罗斯蓝猫（Russian Blue），原产于斯堪的纳维亚地区，二战后数量急剧减少，培育者出于恢复种群数量的考虑，将暹罗猫与其杂交，于是赋予了俄罗斯蓝猫带有东方特色的外形。

● 特征

因为出生在严寒的俄罗斯，俄罗斯蓝猫的皮毛在所有短毛猫中是最厚实的，并且不是紧贴身体，而是直立的。毛色为均匀的蓝色，泛着独特的银色光泽。俄罗斯蓝猫文静害羞，不愿外出，对人类非常信赖，喜欢取悦主人，是非常受欢迎的"家庭成员"。

>>

IMI & WANGWANG

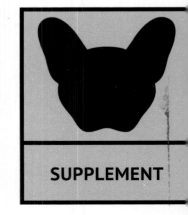

SUPPLEMENT